自醒

王智远 ◎ 著

光明日报出版社

图书在版编目（CIP）数据

自醒 / 王智远著 . — 北京：光明日报出版社，

2024. 8. -- ISBN 978-7-5194-8131-5

Ⅰ. B848.4-49

中国国家版本馆 CIP 数据核字第 2024WC6208 号

自醒

ZI XING

著　　者：王智远	
责任编辑：孙　展	责任校对：徐　蔚
特约编辑：唐　三　高心怡	责任印制：曹　净
封面设计：万　聪	

出版发行：光明日报出版社

地　　址：北京市西城区永安路 106 号，100050

电　　话：010-63169890（咨询），010-63131930（邮购）

传　　真：010-63131930

网　　址：http://book.gmw.cn

E – mail：gmrbcbs@gmw.cn

法律顾问：北京市兰台律师事务所龚柳方律师

印　　刷：河北文扬印刷有限公司

装　　订：河北文扬印刷有限公司

本书如有破损、缺页、装订错误，请与本社联系调换，电话：010-63131930

开　　本：170mm×240mm	印　　张：13
字　　数：180 千字	
版　　次：2024 年 8 月第 1 版	
印　　次：2024 年 8 月第 1 次印刷	
书　　号：ISBN 978-7-5194-8131-5	
定　　价：49.80 元	

导语

幸会，我是智远。通过《自醒》彼此相遇，我很荣幸。

最初，写这本书的灵感源自我的迷茫和困惑。2023年年中的某个时刻，我发现自己更爱思考了，探索如何平衡主业与副业、如何规划人生、如何推进事业，但频繁地思考并没有带来答案，反而使我更加焦虑和无助。

我想要掌控一切，希望通过勤奋、才智去解决所有问题，但到头来发现，这种想要控制一切的心态，反而是一种束缚，把我锁在了原地。犹如那句话所说："你想控制的，反而都控制了你。"后来，我观察到，这并非只是我个人的问题，很多人都在经历类似的困扰，我们被告知，不要浪费时间在无谓的思考和无价值的事上，但简单的忠告，并不能轻易改变根深蒂固的思考模式。

我的体会是，大脑思考的过程，像一台自动运行的机器。随着时间流逝，这台机器已经形成的固定模式，深深扎根在潜意识里。这种模式根深蒂固，以至于通过简单的意志力改变它极为困难。比如去吃饭，花几百元没关系，可是几个餐馆之间怎么选，我常常纠结；我会花大量时间研究用户评价、菜单、氛围，最终因无法果断决策而焦虑。

我开始意识到，问题的核心在于思维方式。要真正地改变，不仅需要看到问题的多面性，还要理解并掌握"灰度决策"里的复杂性、微妙之处。

带着对"思考"命题的好奇心，我开始了一段自我探索的旅程：整个旅程涵盖行为模式、目标管理、思维模型，以及认知心理学等多个层面，算是对生活和工作进行的全方位思考，所以，我称它为"自醒"。

与心理学结缘让我认识到，人生在世，除去身体上的疼痛，几乎所有心理困扰都源于思维方式。

我阅读了大量关于心理学方面的教材。从认知心理、社会心理，到神经科学等，努力将个体生活、工作中对于各种场景的体会，融入一个更严格的框架中。从学科专业角度看，我只是一名爱好者，并非心理学专家。我的目标是通过个人理解、体会，将关键部分分享出来，在专业上，如果写得不好，希望你也不要介意。

我试图建立一个完整的体系，像工具箱一样，帮助你和我清晰地理解和改变那些复杂的思维模式。向内求，向前看。

第一章中，我会探讨多巴胺、内啡肽等神经递质，以及各种情绪触发因素。你会了解到，心里不断涌现的想法，究竟是怎么形成的。我会揭示内心活动的本质，帮助你更好地理解情绪和行为模式。

"认知负荷"中我谈到，控制背后是衰竭，想把事情做好，应该在快累倒之前，停下来休息，补充精力，再继续。"侵入性思维"中我提到，想法（Thoughts）和闪念（Impulses）不同，想法通常更深入持久，经过一定程度的思考形成，是对问题的分析，对经验的反思，对未来的规划。闪念则具有一定的侵入性。它毫无预兆地产生，是大脑莫名其妙一瞬间给你的，心理上有时可能不认可。

第二章起始于对抱怨的理解，引出人生本质充满变数的结论。我强调不要与别人过度比较，应该专注培养、加强自己的心智力量，包括持续提升思辨能力，学习如何在复杂多变的生活中做出更明智的决策。

"不抱怨烂牌"中我谈到，弗兰克尔 1942 年因第二次世界大战，被抓到集中营修路，随时会被关进毒气室。他深受折磨，过着与原本人生规划完全不一样的生活。后来，他建立一套心智方式，即重要的不是我们对生活的期望，而是生活对我们的期望，我们可以停下来想想，该如何回答生活每时每刻提出的问题，这给我很大启发。

第三章中，我把目标设定比喻为人生北极星。这部分内容，更加集中于从人生长远视角探讨"北极星指标"如何形成。我深入挖掘实现目标的关键能力，也会探讨过程、结果哪个更重要，是否需要延迟满足。

"成事的关键"一节中，我谈到防御型思维的人，很容易陷入悲观。需要应对工作中的各种要求和别人的期望，经常担心达不到标准可能引发的问题。这种情况下，大部分精力都投入预防不良结果上，往往没空深思自己真正热爱什么。

第四章中，我把行动比作船只的桨。没有行动，目标和梦想就会停滞，我会聊聊在做事时，如何找到合适的节奏，如何管理细节，如何激发做事的完成欲，如何培养一种全新的思维，把每一小步都看作通往最终目标的一块踏脚石。

"寻找踏脚石"一节里，讲到人工智能公司OpenAI的两位科学家肯尼斯·斯坦利和乔尔·雷曼做过一个研究，他们发现，如果你是一个目标导向型的人，认为设定明确目标是实现伟大成就的关键，那么，你可能坚信只有基于目标的计划，才能实现人生价值。但是，事实恰恰相反。一旦制订详细计划，就会陷入"除了计划，其他一切都不重要"的思维陷阱。因此，"踏脚石思维"强调，生活中的每一步都有其价值，没有什么是白费的，这种思维方式可以鼓励你积极进取。

第五章里，我把习惯比作植物的根基。根基不稳，何来行动，这里我详细说明如何实践断舍离，保持高质量休息，降低不切实际的期望，以及在忙碌中提高效率的方法。此外，我还会分享如何找到进入"心流"状态的秘诀。这些内容都非常重要，你绝不能轻易望文生义。

本书内容可以选择跳跃式阅读，也可以从头到尾看，每个章节独立拆分，方便你用碎片的时间消化。

我希望读完它，你能在三个层面有所收获：其一，理解自醒的另一面，即过度思考背后的大脑机制、原理；其二，理解思维可以被改写，以往陷入精神内耗、低效的生活可以被重塑；其三，掌握一套行之有效的思维方法。

本书每个章节后面，设定有复盘的问题，可以对照自己的行为习惯记录下来，最主要的是找到自己的方法。

这本书适合工作不足 7 年的人阅读，也适合正在迷茫、寻找第二职业曲线的人，它将给你提供一种从深层次解剖自我后的不同视角。

此刻，我既恭谨又真诚，带着个人"自醒"后的顿悟，把它送到你的手中，愿给你带来一些启示，理解并摆脱那些曾令你困扰的思维限制，从而获得内心的平静与自由。

第二章

当下最优解

第一章

塑造行为

多巴胺依赖：塑造行为的正确路径

欲望是由某些神经递质功能的引导和训练所形成，因此，行为也可以被塑造。

————————

当你凝视眼前的道路，你会看到熙攘的人群、温馨的咖啡馆以及停靠在路边的共享单车。然而，当你将视线投向天空，你会看到宽广的蓝天、悠闲的白云以及高耸的建筑。这些事物之间既有相似之处也有不同之处。我们可以轻易地触摸到周围的事物，就像桌上的水杯一样触手可及；然而，实现远大的目标却需要付出大量的时间和精力。

大脑这两种探索世界的方式，分别对应着不同的思维方式。"当下世界"的思维方式受到一种名为"当下分子"的神经递质的化学物质控制，它能给我们带来满足感和愉悦感。而追求未来的思维方式则受到另一种化学物质的影响，这种物质能激发我们的欲望，驱使我们追求尚未拥有的东西并寻求奖励。如果我们顺从这种欲望，我们将获得回报；如果我们违背它，我们将遭受痛苦。因此，"仰望星空，脚踏实地"是一种完美的人生哲学。

天空代表着我们的梦想和奋斗的动力，它鼓励我们在遇到困难时昂首挺胸，勇往直前。而脚踏实地则象征着充实而美好的生活。然而，为什么随着年龄的增长，许多人会逐渐丧失前进的动力呢？这或许需要我们更深入地了解欲望的驱动力量——多巴胺。

————————

多巴胺的来源与作用

多巴胺，这一大脑内的化学信使，不仅活跃于人类的大脑，也存在于植物神经系统中。20世纪50年代，瑞典科学家阿尔维德·卡尔森发现，多巴胺在大脑内存在两条主要通道，分别引发不同的生理反应。

其中一条通道位于黑质和腹侧被盖区，负责调控我们的运动行为，例如维持特定姿势或执行特定动作。然而，当这一系统出现异常时，可能会导致手部颤抖或行走困难，甚至可能演变为帕金森病。

另一条通道被称为"中脑-皮质通路"，它始于腹侧被盖区，经过前扣带回、眶额皮层至前额皮层，主要涉及决策过程。想象一下，在做出决策之前，大脑会受到这条通道的控制，如同自我提醒保持冷静，避免轻率行动。然而，当某些事情触及我们的本能需求时，这一"开关"将被触发。例如，在极度饥饿时见到美食，或在疲惫不堪时看到床铺，这一"开关"将被激活，驱使我们追求欲望而忽略理性思考，从而可能感到无法自控。此外，这一通道还参与学习过程，当执行特定动作时，多巴胺水平上升，通道会相应调整以适应经验教训。这听起来似乎合乎逻辑。

然而，还有一小部分从腹侧被盖区释放的多巴胺并未远行，而是抵达伏隔核，形成了"中脑-边缘通路"（即奖励通路）。在这一通路中，多巴胺水平越高，欲望越强烈。简而言之，它主宰了激励的显著性。例如，对于一位曾经赚取10亿的人来说，与年入100万的人谈论生意可能会让他毫无兴趣。换言之，多巴胺水平在不同时间和环境下的变化会对个体产生不同的影响。

另外，多巴胺还会改变摄食行为、影响恐惧焦虑状态，以及调节睡眠与清醒。

多巴胺失调的影响

经常熬夜、玩手机、暴饮暴食可能导致多巴胺分泌失调。多巴胺在一段时间内释放过多，其他时段会减少，将导致精神萎靡、注意力不集中，甚至出现情绪暴躁和记忆力下降。

人们对事情的关注和投入程度对记忆起着重要影响。记忆力下降是因为对应该注意的事情关注度和精力减弱，身体走下坡路。随着年龄增长和饮食不均衡，多巴胺可能出现偏差。低于临界点后，首先在情绪上表现为喜怒哀乐的强烈变化，最常见的是双相情感障碍。

双相情感障碍是一种心理疾病，表现为交替出现狂躁和抑郁发作，有易被激怒、强制性哭笑等症状。这些症状通常难以被作为疾病识别。有些人常因为一些琐事感到悲伤或兴奋，一点小事就能引发整天的愤怒，甚至在没有外界影响的情况下，突然想到某些事物，出现笑或哭的状态，这些都是常见的症状。狂躁发作时情感高涨，言语活动增多，精力充沛；而抑郁时表现为情绪低落，缺乏动力和愉悦感，甚至言语减少，不社交，感觉疲劳、迟钝等。

究其原因，除了遗传和社会因素，内分泌功能也是需要重点关注的。尽管多巴胺分泌过度或不足并非唯一原因，但它有着重要影响。怎么能有效防止此类状态发生呢？很多人会说不吃碳水、少刷手机。事实上不论多巴胺增加或减少，身体都会感觉不适应，毕竟这是从出生到现在培养了许多年的行为习惯。

多巴胺本身没有问题，问题在于人没有分清多巴胺运作奖励系统的其他特性：短暂兴奋；持续的满足感；征服欲。

比如，在饥饿袭来时，品尝可乐鸡翅能带来短暂的愉悦和满足感。然而，这种快感如同昙花一现，很快便被血糖波动带来的疲惫和空虚所取代。那么，何为真正的持久幸福呢？我认为，这种幸福源自完成任务或实现目标后的内心安宁。当我们为了满足生理需求而摄入美味的食物，如肉类和蔬菜时，我们能够获得即时的满足，这种感觉来自身体的真实需要得到满足，血糖虽有波动，但情绪稳定，让我们整体感觉良好。然而，如果我们处于条件限制之下，只能选择馒头来缓解饥饿，结果可能截然不同。

此时，多巴胺的奖励机制会在我们心中播下"看起来很美味，我得不到，别人却有，我也要拥有"的欲望种子。这种欲望若在心中生根发芽，可能导致羡慕、嫉妒等情绪反应，使我们的情绪变得起伏不定。长期下去，甚至可能诱发心理疾病。对于那些追求通过金钱和行为实现快速身心满足的人而言，情况更为复杂。他们不仅仅渴望得到某样东西，还希望持续拥有并产生独占的欲望。这种由多巴胺驱动的恶性循环可能对我们的身心健康造成严重伤害。

因此，理解这一原理有助于我们深入洞察生活中爱情、魅力和幻想的本质。

多巴胺带来的影响

爱情可以被分解为三种状态：欲望、吸引和依附。

当与心仪的人相遇，大脑中会产生美妙的多巴胺刺激，使我们陶醉其中。对方的举止、穿着甚至使用的洗发水，都能带给我们幸福感。不过，多巴胺会导致奖励预测误差。

想象一下，我第一次帮妈妈做家务，然后妈妈给我5元钱，让我去买我喜欢的东西。我之前压根儿没想过会得到钱，所以当妈妈给我钱的时候，我觉得超级惊喜。这个惊喜感觉是因为大脑里的多巴胺，在我拿到钱的那一刻瞬间释放出来。

但有趣的是，当我明白帮妈妈做家务会得到奖励后，下次我在做家务时，或者在我做家务之前，大脑就会提前把那个喜悦的感觉给我。我常常把这个称作"提前借贷"。

你是否也有过类似的状态呢？这也解释了为什么在奖励机制中，多巴胺不能忽视"预测"这个要素。只有意识到了这一点，你才能真正理解"降低预期"这四个字的含义。

魅力和幻想也是同样的道理。当我们看到美好的事物，多巴胺的想象能力，会淹没对当下现实的准确感知，从而产生魅力。当你收到恋人发来的甜言蜜语、在酒吧遇见迷人的新伴侣，你会预测到"奖赏"。然而，当这些情况变得司空见惯，新鲜感就会减弱。研究表明，与一个人相处三年半以后，爱情在本质上已经消失，剩下的只是伴侣关系和亲情。

在紧张的工作环境中很多人想要逃离北上广深，放下一切去旅行，到天涯海角，度过一段美好时光。但你不要忘记现实是什么样的，你还在熬夜加班。这些只是多巴胺带来的幻想。那么，应该如何有效地控制多巴胺带来的奖赏误差，使我们的自我行动力更强呢？我认为根本的改变在于寻找替代。

多巴胺的奖赏机制

神经科学家认为，欲望是由某些神经递质功能的引导和训练所形成，因此，行为也可以被塑造。

一般来说，从神经元的构造来看，当神经元传达信号时，神经元内外的带电离子流动形成电流，电流到达突触后激发化学反应继续传递信号给下一个神经元。

大脑有大约140亿~160亿个神经元，它们就像开往全国各地的火车一样。当你刷短视频时，这些动作会形成固定的神经回路，每次这样做都能带来新的刺激，但实际上只是在强化着一条已经走过的轨道。我们需要改变这些方向，让它们开往更高级、有趣的"地方"。

这就像为什么有些人对刷手机上瘾，而有些人却喜欢赚钱、进行投资一样。因为低级趣味已经无法满足他们，他们已经从马斯洛的需求层次理论中的"小康阶段"，进入追求"自我实现"的阶段；这比色欲、物欲更能获得高级满足。

清楚这些，再想想以下行为是不是很可怕？

不停地打开社交媒体，看看是否有人给你发信息。来自网络的刺激不断地引诱着你的大脑，每一条评论点赞都是一种奖励性的反馈，它们就像甜点一样，滋补并激活与多巴胺相关的神经元，而真正让人无法自拔的是奖励的不确定性。

作为替代方法，你可以尝试"多巴胺戒断"。这个概念是由美国精神病医生卡梅隆·赛帕提出的，它并不是要阻断多巴胺的产生，而是调节多巴胺受体的功能。简单来说，它基于认知行为疗法的原理，通过减少强迫性的快感行为来降低对多巴胺的需求，重新调整敏感性，摆脱成瘾状态。这种方法的目的是培养更高级的满足和兴趣，让自己的注意力和精力集中在更有意义和有益的事情上，以实现自我提升和个人目标。

因此，要摆脱对多巴胺的依赖和追逐，我们可以通过意识到并减少那些只带来短暂快感的行为，从而让自己的大脑更加健康和平衡。这样，就能够更好地掌控自己的欲望和行为，追求更高层次的满足和成就。

怎么做呢？首先，需要审视自己，列出让自己上瘾的行为，按照困扰程度进行排序。应该完全剔除对生活影响最大的那些行为，而对于占比较低的活动，可以规定每天的时间长短，并停止那些令人烦恼但却一直在做的行为。

其次，增加生活的多样性。找到不依赖电子设备的快乐来源，如和朋友见面等，这样能分散注意力，减轻摆脱不健康娱乐方式的痛苦。在安排活动时，建议采用聚焦原则，比如当我需要写作时，我会静下心来连续三个小时不做任何其他事情。另外，晒太阳也是一个不错的选择。多晒太阳可以增加多巴胺受体的活性，提高幸福感。

研究成瘾的神经科学家贾德森·布鲁尔认为，被欲望驱动的多巴胺依赖并非一日之"功"，强迫戒断这种行为很难坚持下去。如果你无法割舍某种你非常喜欢的事物，那么你可能会再次回到原来的情境中。如果这种行为是困扰你的人生的，你需要重新审视自己的意志力和改变的决心。只有当你完全意识到多巴胺给你的并非奖赏，而是疲惫和糟糕的生活时，你才能朝着正确的方向迈进。

戒除上瘾行为并不容易，这也验证了为什么有人说"看手机看一天真的想吐但还想看"。我们不应成为多巴胺奖赏机制和欲望的奴隶，而是要学会控制它。

古希腊哲学家苏格拉底，被判死刑后仍有机会逃跑，可他还是选择了喝下毒药，因为他宁死也要维护自己的信念。他说过一句话："未经审视的人生不值得度过。"所以，不要让多巴胺控制了我们的生活。

思考时间

◆　当审视自己的行为时，你能否意识到其中哪些是上瘾行为，需要加以控制？

◆　你是否可以避免过度沉迷那些对生活影响较大的上瘾行为？

◆　如何寻找不依赖电子设备的快乐来源，并增加生活的多样性？

◆　你如何更好地专注于一项任务或活动，避免分心和被其他诱惑干扰？

◆　如何增强你的意志力和决心，以便摆脱多巴胺的依赖并朝着正确的方向前进？

激励内啡肽：关注当下，培养获得感

内啡肽不仅减少抑郁、焦虑，还给予向上的动力。关注当下，培养获得感，让内啡肽成为生活的动力，享受欢乐人生。

———————————

大家都制订过计划，但经常会发现事与愿违。计划总是实现不了，外面的事情总是影响着我们。比如说，要么晚上熬夜刷手机，要么早上起不来。偶尔想鼓足勇气也不是那么容易，长时间这样会让人心烦意乱。

这时候，你可能就想："为什么我就不能更自律一点呢？"大家都说自律就像开挂一样，可为什么这么难？其实，真正难的不是制订计划，而是坚持。有人觉得坚持太反人性，感觉像被迫在固定的时间完成任务，这种强迫感觉会影响我们做事的质量，也让我们不能培养好的习惯。其实，学习和坚持的过程就是让大脑神经元建立新的连接。这些连接越多就越熟练。强迫自己去记忆只会让我们更快忘记，所以，心乱的时候，不采取行动反而更好。

我觉得，要培养自律的习惯，可以分为三个阶段：开始、中间和结束。开始和结束阶段相对容易，只要花些时间和精力，享受最后的成果就好。但中间阶段就比较难了，需要摆脱心乱的状态，进入专注的心流状态。

那怎么克服中间阶段的困扰呢？我觉得一个好的方法是，了解我们大脑里的一种叫作内啡肽的物质，然后有效地利用它。

内啡肽的作用

内啡肽这个词在20世纪80年代就开始流行了。那时候，人们发现每天跑步能让他们感到快乐，体重也下降了，感觉幸福感提升了。它和多巴胺不一样，内啡肽更像是一个"补偿"，而不是"奖励"。

这是什么意思呢？"补偿"是一种温和持久的感觉，它让心情慢慢平静下来，就像读书、写作那样。刚开始可能会有点难受，但你的身体会产生内啡肽，给你带来轻微的快乐，这让你能继续坚持。"奖励"则是一种短暂而剧烈的快感，来得快去得也快。尽管做这些活动时，你的大脑会释放很多让你感到愉快的信号，但一旦你停下来，那种快感就会消失得很快。

内啡肽到底是什么？它其实是身体自然产生的一种物质，和吗啡很像。由氨基酸合成，可以让我们感到类似于吗啡的止痛和快乐感觉。这个过程就是几个氨基酸连接在一起，形成一种叫作肽的物质。重复多次后，就会形成很多不同种类的肽。我们的身体里有超过1000种活性肽，其中大脑里有40种左右。这些肽的功能包括抑制、激活、促进和修复。

而我们说的内啡肽，就是指我们身体自己产生的类似于吗啡的生物化学合成物激素。

我们身体自己产生的这种物质，它是安全的，没有副作用。而且，当我们身体产生内啡肽时，还能帮助我们的免疫系统更好地工作。

所以，如果我们想要更快乐、更健康，就需要让身体产生更多的内啡肽。了解如何提高内啡肽的水平，以及什么会影响它的正常分泌，对我们来说是非常重要的。

什么会影响内啡肽的分泌？

人体产生内啡肽非常困难，需要付出极大的努力和汗水。然而，当它想要分泌时，常常会被糟糕的事情干扰而使分泌出现紊乱。其中，摄入过多的高热量食物就是一个影响因素。

这是因为，大脑在漫长的进化过程中，食物匮乏一直是人类面临的首要威胁。遗传基因使我们倾向于尽可能地吃下任何可充饥的东西，直到满足自己的食欲。研究表明，肥胖者的血液和大脑中含有大量内啡肽，短期内食用高脂肪、高糖食物会刺激内啡肽的释放。本质上，当摄入物品时产生的内啡肽被接收后，它会阻断痛觉的反馈。因此，当再次摄入美味的食物时，对疼痛的敏感度就会大大降低，从而沉浸在美味中。

所以，不要过量摄入高热量食物。

需要知道的是，当内啡肽刺激到大脑的神经递质时，它会增加我们对食物的喜悦感，但对我们不喜欢的东西却没有影响。换句话说，如果你讨厌西兰花，内啡肽不会引导你去吃它。

另外，痛苦情绪也会影响内啡肽的分泌。β-内啡肽可以通过大脑皮层边缘系统参与人的情绪反应机制。比如焦虑、抑郁、强迫性行为等，都是导致心理疾病的因素。研究表明，如果你被迫在压力下做某件事，第二天身体的应激反应可能会比前一天高一倍。

每个人的生理特点不同，对刺激的反应程度也不同。虽然我们可以用思想欺骗自己，但身体始终不会撒谎；那么，什么样的情绪会对它产生影响呢？六种状态较为常见：与人发生激烈的争执、经历短暂但巨大的压力、将事情闷在心里、感受痛苦却无法表达出来、嫉妒别人、久久不能释怀。

虽然短暂的压力可以提高自身免疫力并促进抗癌分子的产生，但长期承受过大的压力会导致不好的结果。比如记忆力会衰退，思维变得不严谨，而且这种状态会引发连带的应激反应，进而抑制内啡肽的分泌。

过去，我也喜欢把不愉快的事情闷在心里，但后来我意识到，长期压抑自己的悲伤会使人变得麻木、冷漠，同时也会改变自己的处事方式。即使后来我找到了一种稍微委婉的方式来表达自己的不满，比如发牢骚或显得不耐烦，但与释放压抑情绪相比，这种方式同样对健康无益。主要原因是这些情绪已经在内心深埋很久。

来自美国斯坦福大学医疗中心的研究证明，压抑情绪可能会增加癌症的发病率。现代人普遍面临的紧张情绪可能是人类身体健康的"隐形杀手"。通常，当一个人过度悲伤时，会感到痛苦而无法发声。很多时候，我们不应该将希望寄托于他人。突然的离别或分离让人无法完全面对，当超过临界点时，心理补偿不会出现，反而会感到挫败。

此外，羡慕嫉妒和久久不能释怀都属于心理情绪的范畴。尤其嫉妒值得我们关注。当你渴望拥有某样东西而无法获得时，失落的情绪会一直在思维中徘徊，导致你的潜意识发生变化。长期以来，你可能会持有否定态度。

许多人认为这些情绪是当代人所面临的现实状况，受到生活和社会因素的影响。但假设我们一直处在这样的环境中，我会消耗内啡肽吗？事实上，人体内部的活动往往是"一半挣扎，一半享受"。我们的血液在体内流动，各种激素就像一群蚂蚁来回爬动，身体上、生活中的细小摩擦会带来一些痛苦，但内啡肽的分泌一直在镇压它们。虽然很多影响过于轻微，我们可能感觉不到，当受到较大的影响时，我们的心理会失衡，带来烦闷、恐惧和紧张。但不用担心，大脑会感知到这些情绪，而内啡肽也会起到平衡的作用。

然而，许多人对于内啡肽也存在误解，把它看作一种让人欲罢不能的"快乐荷尔蒙"，认为需要大量刺激它的分泌才能获得行动力。事实上，过度分泌并不是好事。

内啡肽分泌过多有什么影响？

分泌过多的内啡肽会产生一种奇特的影响，即"良性自虐"。它意味着，尽管我知道自己正在做对身体不利的事情，但内心却非常享受这个过程。

大脑明白实际上并没有真正的危险，所做之事，只是对身体进行一种挑战，这种感觉让我觉得"思想高于身体"。

举个例子：在美国的路易斯维尔，有个人特别喜欢吃一种比墨西哥辣椒还要辣200~400倍的印度辣椒。对大多数人来说，尝一小口可能就会痛不欲生，但他却非常享受。这样的例子在全世界很多。无论是四川的火锅还是湖南菜，这种对辣味的喜爱背后，可能就是大脑感受到疼痛后分泌出内啡肽，并带来一种快感。

这种现象不仅表现在食欲上。有研究显示，长期喜欢听悲伤歌曲的人更容易达到一种"自我安慰"的状态。这些看起来"自虐"的行为，其实是人们在寻找一种快乐感。他们把消极情绪看作积极情绪的解药，就像把苦味当作甜品一样。

一位国外心理学家曾说，疼痛让你专注于当下，忘记那些更高层次的抽象思考。对于现代高压生活的成年人来说，这些痛苦感反而可以带来片刻的安宁和享受。就我个人而言，每次在写作之前，我常常面临没有调研资料或不知道如何下笔的困扰，大脑感到非常痛苦。然而，一旦我投入写作过程中，所有困扰似乎都被抛到脑后，我开始享受其中的过程。许多人在跑步达到一定距离时也会有类似的体验，他们非常喜欢长距离奔跑后肌肉酸痛、全身疲惫的反应，这些都是内啡肽分泌过多所带来的结果。

总体来说，如果某种行为对身体有潜在的危险，并且你内心非常渴望尝试，那就需要格外小心。我们要明智地管理自己的行为，确保内啡肽的分泌处于适当的水平，并带来健康和快乐。

如何让内啡肽助力全情投入？

我们可以从培养"获得感"开始。我对"获得感"的定义是：当晚上躺在床上回顾一天时，感到充实、有所收获，并带着满足的心情入睡。你不会觉得一天又荒废了，而是有成就感。最好能将收获量化为数字指标。

对我来说，我习惯每天记录自己做了哪些事情、从中学到了什么，并在每周结束时进行总结。这些小小的举措持续进行，让我在工作层面的幸福指数大大提高。

老子在《道德经》中告诫我们，天下难事，必作于易；天下大事，必作于细。要想有所变化，先从简单的事情开始，从细节入手。很多人喜欢熬夜，即使他们知道熬夜很难受，但又忍不住刷手机。这主要是因为他们觉得刚过去的一天没有收获，感到空虚和无聊，因此，在夜深人静的时候，他们抓住最后的支配时间，这种现象被称为"报复性熬夜"。

这种报复是针对什么？不是社会和世界的不公平，而是自己荒废了一天，没有任何收获。因此，当你想让内啡肽的上瘾形成良性循环时，或许可以先从培养"获得感"开始。

我经常运用"项目管理思维"来生活，把即将过去的一天看作是独一无二的，与其他某一天相比有着独特的区别。我会思考通过什么方式来记录这一天，并赋予它独特的意义。

比如，你在2020年曾经去旅行，现在我问你，那段旅行中最深刻的经历是什么？你可能会回答"旅行本身"。因为旅行是一次全新的体验，它带来了大量的新信息，让你从平凡、单调的生活中解放出来。旅行就像一个项目，在回忆中一直保留着。

虽然时间的流逝可能使某些细节逐渐模糊，但那些令人心动的时刻依然历历在目，带给我们深深的满足感。然而，不同于这些珍贵的记忆，我们的日常生活受到惯性与探索的双重影响。惯性驱使我们遵循既定路线和习惯，追求效率的最大化；而探索则鼓励我们尝试新事物，为平淡的生活注入活力。

在运营的稳定性和项目的创新性之间找到平衡是维持生活新鲜感的秘诀。例如，每月出差的工作可以视为日常运营，但如果能在空闲之余探索城市的魅力，那么每一次出行都将成为一个独特的项目。然而，许多人随着年龄的增长，变得更加谨慎和保守，更倾向于按部就班地生活，避免任何风险。他们过于关注未来的利益和风险，以至于失去了对生活的热情和冒险精神。这正是为什么人们常常怀念过去的美好时光，并非因为他们接触到的信息减少了，而是因为他们缺乏新的、有价值的经历来丰富自己的生活。

因此，我们应该运用项目管理的思维方式来生活，注重日常小事的积累和创新，创造有趣且富有意义的回忆。让这种积极的生活方式成为一种良性循环，从而重新激发我们对生活的热爱和激情。

总之，内啡肽不仅减少抑郁、焦虑，还找到向上的动力。关注当下，培养获得感，让内啡肽成为生活的动力，享受欢乐人生。

思考时间

◆ 你是否将注意力专注于当下？你是否享受当前的生活？

◆ 你每天回顾自己的成就和收获了吗？是否让生活更加充实和有意义？

◆ 是否以项目管理思维来生活，找到每天的不同之处和新鲜感？

◆ 是否平衡了探索和惯性的力量？

◆ 尝试过一些刺激性的活动吗？它们是否带来快乐和满足感？

认知负荷：信息不是越多越好

靠形成习惯来超越意志力。一旦你形成简单的日常决策习惯，就能够将更多的精力和注意力投入那些需要深度思考的事情上。

————————

许多人上厕所时都喜欢带着手机。他们不是为了玩游戏，而是看视频、看新闻。以前没有智能手机时，很多厕所会放一些报纸和杂志，这就是我们所说的"厕所读物"。

2000年后出生的孩子，可能对厕所读物没什么印象。但对我这样的"90后"来说，厕所读物让人感到温馨。我还记得有一次去别人家做客，上厕所发现居然没有厕所读物。我当时渴望读点东西，最后只好拿起旁边的洗发水瓶子，读起背面的成分表。这件事给我留下深刻的印象。从这件事中，我意识到一个道理，大脑非常容易感到无聊。它时刻需要通过视觉和听觉来获取信息。一旦缺乏信息输入，就会像小动物找食物一样，四处寻找。

然而，长期给大脑提供信息并不是好事。研究表明，长时间使用电子产品，会导致大脑处理信息的效率下降，灰质密度降低。此外，长期使用社交软件会减少海马体的活动，导致注意力和记忆力下降，让大脑处理负担过重。

自醒

什么是认知负荷？

心理学中对于认知负荷的定义，目前还缺乏广泛认可且明确的共识。

迄今为止，它仍然是一个多维的概念。许多文献中，认知负荷被描述为指标，用于衡量工作人员在处理信息时的能力和认知资源与实际需求之间的比例，以及满足期望绩效所需的信息处理能力与可用处理能力之间的差异。

不同的学者对此有不同的看法。心理学家威肯斯提出一种多重资源模型理论，即MRT，这种理论认为，工作负荷与任务资源之间有一定的关系。认知负荷反映"在执行任务时所产生的心理压力"。

一些研究人员认为，工作环境与外部环境带来的认知负荷是不同的。前者会给后者带来精神负荷。当一个人在大脑中付出较多的认知努力时，信息处理效率会降低。当信息处理超过所需的容量时，人们会感受到精神压力。因此，我们可以认为认知负荷涉及日常工作中任务要求、时间压力、个人能力、绩效以及努力程度等多个因素，同时也受到大脑处理问题的效率的影响。

简单来说，认知负荷就像体力一样，过度使用会导致疲劳。当大脑所需的认知工作超过整体运行能力时，就会出现脑力疲劳和心理不适等信号。下面我称其为"认知资源"。

例如，对于没有接受过长期训练的人来说，在健身房里连续举重次数越多，就越会感到疲劳，直到脱力，无法再举起重物。认知也是如此，当需要处理的信息越多且需要做出决策时，我们会感到越来越疲劳，最终大多数决策不仅非理性，还容易出错。

那么，什么会耗尽我们的认知资源？可以用"选择"这个词来形容。认知资源就像一池水，我们每天通过饮食和休息来储备它，然后用它来做最有价值的事情。从某种程度上说，储备和消耗是在同一个池子里。如果我们每天花费大量的资源在不重要的事情上，那么当我们需要思考或解决问题时，就会出现认知资源不足的情况；同样，如果我们在白天做了很多耗费资源的事情，那么当晚上需要做一些临时决策时，我们往往会变得敷衍了事。

这些问题可以被归纳为两个主要类别。在生活方面，首先，你的生活是否经常受到干扰，例如早上醒来第一件事就是抓起手机，甚至在刷牙时也忍不住刷短视频，导致你无法集中注意力，进而影响你的记忆力和思维清晰度。其次，你是否过于沉迷于化妆或打扮，尤其是在与朋友外出时，这不仅让你对自己的形象感到不满，还可能因为迟到而引发一系列小问题，影响你一整天的情绪。此外，你是否因为生活缺乏条理而经常找不到东西，比如指甲钳和挖耳勺等小工具。如果你过于纠结于找不到这些东西，就会浪费宝贵的时间，无法处理其他事务。

在工作方面，你是否经常在会议中走神，需要一分钟才能重新集中注意力？当你被问及为何走神时，你可能会意识到自己正在思考为孩子寻找合适的幼儿园，或者担心奶奶是否已经给孩子更换了纸尿裤。

我身边有位朋友在自媒体公司上班，他的电脑和手机上安装了至少6~7个笔记工具。他经常因为纠结要用哪个软件来记录信息而浪费时间。现在有很多高效率的软件可供选择，但人们往往在这些海量选择中迷失，把时间花在了无效的事情上。

前段时间ChatGPT爆火，有些朋友总想搞清楚这个东西怎么玩。结果他们花费了大量时间自我摸索，却不去向他人请教，最后既没搞定，还浪费了不少时间。

还有很多事情，它们都比较消耗认知资源，令大脑进入负荷状态。不妨回想下，从早起醒来到晚上睡觉之前，都做过哪些事情，这些事情重要吗？或者，是不是我们的大脑忙于思考很多并不重要的事，而浪费掉大量认知资源。

控制？和你理解的不一样

是的，控制自己并不容易，很多人开始时都充满决心，但最终放弃了。我明白这一点，并愿意与您分享更多关于控制和放弃的信息。

自我控制，是大脑执行的一种功能，它涉及选择特定的目标，以控制我们的思维和行为，并达到内心的一致性，也可以称之为"目标导向行为"。这个过程中，我们会根据自我价值观和目标做出一系列计划。这些计划是基于我们的经验，并且需要适应无法预见的变化。同时，我们还要监督自己的行动，抑制偏离目标的习惯性反应，并保持目标的实现。

比如，每天我都去健身房。如果你认为我能做到这一点是因为我"强迫自律"，那你就错了。早期阶段，我开始健身完全是出于一种"讨厌自己变胖"的感觉，这才让我有勇气迈出第一步。然而，中期阶段，前一天健身后的酸痛感，让我几乎第二天都不想去健身房了。尽管如此，第二天我还是自觉地走进了健身房。这是为什么呢？因为这种感觉已经从最初的"讨厌"发展成了一种心理上的坚持，我告诉自己不能轻易放弃。随着时间的推移，大约经过了两个月的时间，我基本上开始享受健身的过程了。那种大汗淋漓的感觉不仅让我身上的虚汗得以排出，而且晚上还带来了深度的睡眠，使我精神焕发。这样多的好处，我怎么可能不去做呢？

这个例子表明，从早期的讨厌到中期的坚持，再到后期的享受，控制自己并不是一蹴而就的事情。它需要我们不断调整心态，坚持下去，并在过程中找到乐趣和回报。只有这样，我们才能真正做到自我控制，实现自己的目标。

所以，自我控制包括了5个方面。涉及心理导向的决策（选择目标）、工作记忆（记住目标）、目标规划（分解目标），自上而下注意（专注目标相关的事情），以及元认知（监控自己的行为是否朝着目标走），因此，它并非仅靠单一意志力的心理活动。

明白这些，再看看大家怎么控制的？当一个人看到自己体重上涨时，心中会暗暗发誓：哎呀，不行了，我真的要减肥，从明天开始坚决不吃碳水化合物。想做一件事，从明天开始使劲地"全押"，这些行为，两天后能量就被耗尽。

报复性松懈与控制的模式，是很多问题的根源。进一步说，大脑本身是矛盾体，每天要处理很多问题，这部分想这样，那部分想那样，我们表露在外面的只有一种情况，它们在潜意识中必然会打架，会有一方胜出。想想看，有时候大脑我中有你，你中有我，当没有那么多规律时，它就会冒出各种想法，反之，有规律时，理性和感性之间往往具备压倒性。

书到用时方恨少，事非经过不知难，当大脑两部分谁也无法说服谁时，自我会陷入"六神无主"的境地中；一旦势均力敌，或负面想法压倒正向想法，就会很纠结。损耗巨大精力不说，还会恨铁不成钢，认为"自己真没用，连这点小事情都做不到"。

诚然，自我控制跟游戏中角色的血量一样，短时间内有限，用力太猛，必定消耗太多，当认知资源短缺，对诱惑力下降，就会沉迷情绪中无法自拔。

值得庆幸的是，认知资源属于再生资源，虽然会被消耗，但经过休息会恢复如初，有点像很多职场人，今天实在累得不堪，睡一觉，第二天起来，依然元气满满；所以，在此基础上，认知资源具备动态变化属性，一定范围内，你想自我控制，绝对能够做到；超过范围后，越控制就越无法控制，反而进入内耗状态。

有一种理论被称为"有限自制力理论"，它将我们的自我控制能力比作肌肉力量，认为我们有一个自我控制的极限。一旦超过这个极限，即使我们再努力，也难以保持高效的自我控制。例如，你可能会发现，尽管你试图控制自己不沉迷于手机，但你还是会不自觉地开始刷手机，导致自己精疲力竭。

心理学家对这种现象有两种主要解释：一种是能量耗尽，即在自我控制过程中，我们会消耗大量精力，当精力储备降低到一定程度时，我们就会感到精疲力竭；另一种是大脑会自动保留一部分精力，即在执行任务时，尽管我们的自我控制并未耗尽精力，但大脑会自动产生保护机制，让我们保留一部分精力，以便应对未来可能出现的挑战。

因此，理解自我控制的有限性并学习如何合理利用这种资源至关重要。我们应该在适当范围内运用自我控制，并通过休息和恢复来补充精力，从而更好地应对挑战、保持良好的自我控制并实现目标。

在这个领域，心理学家进行了一项极其巧妙的实验。他们邀请了两个小组的人员来参与两项任务。然而，在开始第二项任务之前，研究人员向A组透露了一个额外的信息，即他们还需要完成第三项任务，而B组则没有收到这样的通知。实验结果显示，事先得知还有更多任务等待他们的A组成员，在执行第二项任务时表现得不如B组。这一发现揭示了一个有趣的观点：当人们意识到自己还有其他重要任务需要处理时，他们往往会留出一部分精力以备不时之需，而不是全神贯注地投入当前的任务中。为了进一步验证这个观点，研究人员又设计了一个实验。他们发现，当告知参与者接下来有一项任务等待他们，且完成该任务能获得丰厚奖励时，他们会全力以赴；但如果告知他们接下来的任务奖励微薄且必须完成，他们可能会对这项任务的关注度降低。

这说明，人们会根据任务的重要性，来决定应投入多少精力。如果一个任务完成后，又突然出现了一个新任务，人们可能会感到疲倦，精力也可能会降低。但如果新任务的奖励非常吸引人，人们可能会鼓足精神，全力以赴。

还有一点需要注意，如果前一天吃得过多、喝酒或者熬夜，那么第二天的精力和工作效率就会下降。如果这种状态持续下去，工作效率可能会逐渐降低。

因此，如果我们想把事情做好，我们不能把所有的精力都用完，而应在快累倒之前停下来休息，补充精力，然后再继续。

其他消耗认知资源的行为

许多隐藏在表面之下的行为，比如情绪调节、思绪抑制、抵抗诱惑和控制分心，已被证明会消耗我们的"认知资源"。当你刻意压抑当前的情绪，并尝试以其他情绪替代时，不论是压制还是放大，都可能会导致你的自控力降低。举个例子，研究人员曾让两组人观看电影，一组被要求压制情绪，无论影片内容如何，都不许发声；而另一组则可自由观看。实验结果显示，在随后的自控力测试中，前一组的表现明显逊色于后一组。

此外，与自由表达思想相比，抑制思想需要消耗更多的意志力。这是因为思绪有一种固有特性，常常会返回我们试图避开的事物中，这被称为逆效应。著名的"白熊实验"就是一个例子，实验中要求参与者不要想白熊，结果最后每个人都抑制不住自己，开始想象白熊。

抵抗诱惑也是消耗认知资源的主要因素。有人做过一项研究，研究者们分别在每天的11:30和16:30在办公室区域摆放诱人的食物和甜品。那些宣称正在节食的人，在经历了长达半小时的内心挣扎后，终究没能抵挡住诱惑，品尝了一些美食。

同样，分心行为也会消耗我们的"注意力控制"。你可能会问，像同时看手机、听音乐、吃饭、看电视这样的行为，算不算分心呢？其实，从严格意义上说，这确实是分心。这种行为更像是一种干扰性任务，即使它看起来并不那么严重，但当你在执行重要任务时，你会发现它已经耗费了你大量的认知资源。

当你放弃某个目标时，也会消耗认知资源。即使你已经停止了行动，但在追求该目标过程中形成的记忆仍在你的大脑中存在，这就像我们经常使用的电脑浏览器，你可能认为只要关闭网页，电脑就不会再出现卡顿。但事实并非如此，你仍需要清理缓存。

这就引出了一个重要的问题：为什么即使没有刻意去做某事，还是会消耗认知资源呢？这是因为认知资源分为显性和隐性两种。显性的是那些我们可以直接观察到的行为，而隐性的则是那些已经形成的习惯。即使你不刻意去控制它们，它们仍然在消耗你的认知资源。

因此，你现在应该更清楚地理解为什么即使你一天下来并没有做很多事情，你的大脑依然会感到疲劳。

如何保护认知资源呢？

一些互联网公司的创始人，他们在公共场合的着装常常相当简单。这种选择并非仅仅为了个人风格或公共形象的塑造，更深层的原因在于他们的认知资源管理。

对大多数人来说，决定每天穿什么、吃什么是日常生活中不可避免的决策，而对于这些成功的创始人来说，这类决策会占用他们宝贵的认知资源，他们更倾向于将更多的认知资源投入更具价值的事情上。

我将这种行为称为"认知资源弃子"。"弃子"是围棋中的一种策略，意在故意舍弃一部分棋子，以换取更大的全局优势。这种优势往往是无法直接量化的，需要从整体和长远的角度考虑。换句话说，虽然表面上看起来是舍弃了某些东西，但整体上却更有利，更能提高效率。

你可能听过"一屋不扫何以扫天下"的成语。这句话的意思是，一个人的生活细节，例如房间的整洁度或者办公桌的状态，可以反映出这个人是否有能力做大事。然而，如果我告诉你，有些事业成功的人并不喜欢打扫房间，你会怎么看呢？每个人的习惯都是不同的，强迫每个人都维持一种状态，比如维持房间的整洁，就像是将"整洁等于灵感"的观念强加给每个人。

我曾经的习惯是，用过的挖耳勺、指甲剪会随处乱丢，但在经过多次找不到后，我开始将它们固定放在一个地方。这种无须消耗更多认知资源的行为对我而言是至关重要的。相较于每次都需要思考，指甲剪或者挖耳勺应该放在哪里，以及用完后需要将其放回原位，这种固定习惯，让我能将更多认知资源投入有价值的事情上。

你的生活中，可能有一些固定的习惯，比如每天吃什么，如何安排时间，等等。这些给你带来安全感的事情，实际上可以帮助你节省认知资源。一旦你形成简单的日常决策习惯，就能够将更多的精力和注意力投入那些需要深度思考的事情上。

相反，从另一个维度解读，关键只有一条，你不需要去做很多选择的事情，试着让一切变成"良好习惯"，会降低自己认知资源与控制力的消耗。

总体而言，超越意志力，就是形成习惯。减少认知负荷的最佳策略，并非取决于处理多少件事，而是取决于事情实施的容易度，以及在能量即将耗尽时，是否给自己留出足够的休息时间，让它恢复。

> **思考时间**
>
> ◆ 你该如何避免让大脑持续处于信息输入状态？
>
> ◆ 你该如何学会自我控制，制订明确的计划和目标，并监督自己实现？
>
> ◆ 你该如何避免分心，专注于当前任务？
>
> ◆ 你该如何养成好习惯，避免浪费时间？
>
> ◆ 如何认真检视自己的行为和习惯，发现和纠正消耗认知资源的问题？

情绪颗粒化：直面内心的感受

情绪不是坏事，有时我们需要大胆直面内心的感受，主动把积累的压力说出来，才能有更多能量去做事情。

———————————

讨论情绪时，会想到什么？喜怒哀乐？我们的思想往往首先会跳到这些感觉。有一种广泛的观点认为，情绪生来就有，不可改。然而，这种看法源自对情绪本质的误解。我们的情绪似乎经常主宰我们，原因在于，从小到大，缺乏有效的情绪管理技能的培养。

当你看到一个小孩，因为没能得到他想要的玩具，而无法控制愤怒时，你可能会看到两种截然不同的反应：一是哭闹和尖叫，二是找个地方安静地坐下来。前者可能是在大多数家庭中看到的典型反应，后者则可能更常见于那些接受过情绪管理训练的孩子的家庭。这些家庭会从孩子很小的时候，就开始教他们如何处理意外情况，从而让他们能够以更理性的方式，来应对问题。然而，并非每个人都有机会或条件接受这样的教育，那么，日常中就可能看到一些情况，比如一些人在面临压力时情绪失控。虽然周围的人可能会告诉他要保持冷静，要学会控制情绪，但这些建议并不能提供长期的解决方案。

我们作为成年人，如何能够改变这些根深蒂固的习惯，从而在全情投入任务时，保持情绪稳定呢？不妨重新理解下情绪。

———

情绪从哪儿来？

情绪并不是简单的由某个事件触发的即时反应，而是由思维、感觉和行为的综合作用产生的结果。它既与心理有关，也与身体状态有关。因此，要深入理解情绪，我们需要从两方面出发：一是思维、感觉和行为；二是生理和心理。

就前者而言，我们需要从三个方面深入研究：情绪产生的原因，我们将通过"三重大脑"理论进行探讨；情绪的核心是什么，包括情绪如何产生、如何体验它；如何理解情绪；情绪如何影响我们的行为。

美国神经科学家保罗·麦克莱恩将大脑比喻为一个三层的建筑，每一层都有其特定的功能，并且经历了长期的演化。这三层分别是：爬虫复合体（负责基本的本能），早期哺乳动物脑（处理情绪），以及晚期哺乳动物脑（负责智力）。

最底层的爬虫复合体，类似于昆虫的大脑，主管基本的本能和行为，比如心跳和呼吸。这里的杏仁核和下丘脑扮演了重要角色，它们在我们遇到危险时促使我们做出迅速的反应——要么逃跑，要么战斗。中间的一层是早期哺乳动物脑，也被称为"情绪脑"。这一层是在爬虫复合体的基础上演化出来的，负责处理情绪。我们的所有"喜怒哀乐"都要经过这一层的处理。垂体就像一个指挥中心，它可以调节我们体内的激素水平，从而引发我们的情绪波动。在"情绪脑"之上，是晚期哺乳动物脑，也称为新皮层或大脑皮层。这一层负责抽象思维，它让我们有能力产生创新的想法和思考方式，我们可以使用语言进行逻辑推理，这个层次的主要功能有两个：预测未来和控制情绪。然而，这两个功能可能会引发问题，预测未来可能使我们对未发生的事情感到焦虑，而控制情绪可能会导致我们压抑自己，从而引发各种情绪问题。

我们难以想象一条焦虑的鱼，一头郁闷的猪，这是因为这些动物的大脑结构，没有我们的大脑复杂，无法预测未来或压抑情绪。这说明，作为人类，情绪问题可能是大脑发达的"副产品"。

那么，这些理论是如何与情绪的产生关联呢？大脑在情绪的产生、体验过程中受到两个通道的影响。第一个通道与生理反应有关，第二个通道则与意识紧密相连。生理反应通道在潜意识中操作，它能迅速引发反应，这个系统对某些刺激，如雷电和黑暗等，特别敏感。

例如，当你突然看到一条蛇，你的生理反应通道就会开始运作，触发你潜意识中的"内隐恐惧记忆"。然后，神经系统开始发送信号，身体各部位开始做出反应，心跳加速、某些血管收缩、激素水平变化等。

在这个时候，你的身体已经做好了应对准备，脑中有两个选择：逃跑或战斗。如果恐惧感超过了某个阈值，可能会在不加思索的情况下选择逃跑。如果恐惧感在可接受的范围内，你的意识通道就会开始运作。你会观察蛇的状态，然后根据你的判断做出决定。如果你认为无法逃脱，你可能会选择战斗。所以，意识通道的主要作用是帮助我们认知，并将这些信息转化为潜意识中的内隐记忆。

无论是儿童还是成年人，当面对旧情境时，原本的情境处理方式可能会自动激活。例如，当我们遇到老虎或黑熊时，它们的行为和我们的反应会形成内隐记忆，存储在大脑中。当我们再次面对类似情境时，我们会利用这些旧有的认知来处理问题。

这就解释了，为什么人们在不同的情境、情绪状态下会表现出完全不同的行为。简言之，情境、记忆、感觉、大脑的情绪回路、激素水平、神经系统、身体健康状况等因素共同作用，塑造了我们的情绪。

然而，我们为什么会情绪不稳定呢？因为我们对同一事物的理解存在差异，这些不同的理解可能导致认知出现问题，从而使我们感到不快。加上情绪、认知和身体反应之间相互关联，所以才会有情绪波动出现，因此，学会管理情绪，实际上是提升共情能力。

共情也称为换位思考，如果做不到这点，可能总以自己为中心，无法理解别人的感受。而有些人天生就对事物特别敏感，这在人群中并不罕见，大概每五六个人中就有一个，从自然的角度看，敏感其实是一种对环境变化警觉的保护机制，不过，现代社会的压力让人们的敏感度可能偏高，尤其是在工作环境中，这样的人，他们爆发负能量的概率就比较大。

坏情绪不能有吗？

负面情绪是我们生活中不可避免的一部分，它们源于多方面的因素交织。首先，童年经历对情绪发展的影响深远。不当的对待和社会规范压力可能导致我们在处理问题时采取错误的方式。例如，童年时期的社区文化和家庭教育往往告诉我们，负面情绪的宣泄是可以接受的，但这可能会导致我们在成年后逃避责任。

其次，错误也会引发负面情绪。孩子们逐渐形成一种观念，认为拥有和表达负面情绪是不良的，从而导致他们无意识地隐藏或抑制这些情绪。然而，这种情绪抑制并非无害，它可能导致一系列心理和生理问题。

再者，成年人也面临着各种压力。人际关系中的愤怒、委屈和悲伤实际上是由被压抑的情绪引起的。例如，听到同事在背后散布关于我们的负面言论时，我们会感到愤怒。或者有些人对自己的期望过高，经常对周围的人或事感到不满，无法接受不完美的结果。

此外，未解决的情感问题和家庭琐事也会对我们产生影响。比如一段恋情结束后长时间无法走出来，或者在某些事情上陷入困惑，这都会在我们心中留下悲伤和犹豫。同时，当我们在情绪上无忧无虑时，物质上的担忧可能会接踵而至。无论是企业家在经营公司或进行投资时受到盈亏的影响，还是普通人因为工作困难而感到窒息，长期积累的问题都可能转化为负面情绪。

很多人错误地认为负面情绪是一种坏东西，实际上，我们作为情绪的动物，每天都在接收和解读他人的情绪，并向他人传递自己的情绪。

在心理学领域，诸如压力、愤怒、失望、悲伤、紧张和痛苦等情绪被视为消极情绪。这些情绪的出现往往带有负面影响，可能导致身体不适，从而扰乱我们的日常生活、学习和工作。实际上，情绪的强度越大，所蕴含的情感信息也越重要。如果我们忽视了这些情绪，它们会在我们心中不断提醒我们。

那么，当消极情绪袭来时，我们应该如何察觉呢？主要有两个信号：愤怒和嫉妒。

愤怒涉及力量、界限以及自尊。英国利物浦大学的专家指出，过于乐观的情绪在工作场所并不一定是好事，因为它可能会演变为自满的态度。例如，一个有强烈责任心的员工可能会因为其建议未被上级采纳而感到愤怒。另一种情况是，即使建议被接受，但在执行过程中遇到重重阻碍，而上级又不愿意承担责任，这也会导致心态的不平衡。

愤怒本身并不可怕，但是一旦失控，它可能引发破坏性行为和负面能量的传播。

除去愤怒，嫉妒中也包含了许多负面词语，比如冷漠、贬低、排斥、攀比，严重时甚至会出现诽谤和攻击等行为；这些潜意识的表达实际上是在告诉我们"我急切渴望拥有某样东西"，但目前还没有实现，或者自己觉得无法得到。你可以观察一下自己是否经历过这种情况。

当遇到这些情况时该怎么办？身边的人可能会告诉你要保持冷静，不要计较。这种方法并不能从根本上解决问题，我认为要把情绪颗粒化。

如何调节负面情绪？

情绪颗粒度是指，在事物的理解和表达上，能够达到最小分解单位的清晰度。

首先需要纠正一点，情绪颗粒度并非指具体的情绪本身，而是用于评估一个人表达和识别情绪能力高低的指标。

例如，情绪颗粒度较高的人，在各种情境中可以更细致地表达自己的感受，例如自豪、满意、焦虑不安、尴尬等；情绪颗粒度较低的人，可能只会说自己很生气、很难受。

情绪颗粒度较低的人对不良情绪的反应可能更加迟钝。换句话说，情绪颗粒度较高的人可以更好地识别出自己的悲伤、愤怒、抑郁等情绪，而情绪颗粒度较低的人往往被称为"神经大条"，通常只能通过身体反应来表达情绪，比如不想工作、不想社交等。

研究发现，情绪颗粒度越高，越能准确追溯情绪的来源，更有效地与他人产生共情，而且能够更准确地表达自己的情绪；我们应该如何提高情绪的颗粒度，来调节自身情绪呢？

第一，认识情绪并重新审视内在感受和预测的循环。

只有当我们真正把身体资源分配给内在感受，处理情绪的能力才能有所提升。如果你被临时叫去上台演讲，你可能会有手心出汗、心跳加快等身体反应，这种感觉其实随时都可能出现，但在某些特殊时刻，我们会赋予它们特殊的意义，从而变成情绪。

想象一个女孩去面试，她可能会特别紧张，回答问题时会卡壳出错。如果她了解情绪细分知识，就会有不同的情绪构建方式：她可以将这次内在感受表达为兴奋所导致，或者她知道她现在处于低血糖状态，原因是她昨晚没有休息好，而不是和情绪直接相关，就不会将其构建为焦虑。

第二，尝试细分情绪。

你的情绪颗粒度越高，拥有幸福生活的概率就越大；相反，情绪颗粒度低的人更容易患上各种心理疾病，比如抑郁症、焦虑症等。你不妨试着关注自身状态，把感知进行细分，如把"开心"，细分为"我很满意"、比较激动、充满希望等。

实际上，情绪颗粒度高的人可以精准表达自身的状态，也能精确区分愉快与不愉快，能够拥有上百个词汇表达糟糕心情的人，幸福度能提升30%以上。

第三，三步法开启大胆的交流。

• 认识到情绪表达要注重情景选择。对外界产生的任何情绪，都源于对真实面貌的认识太少。实际上是你过滤掉了重要的信息，只关注到"感兴趣的信息"。

• 对情绪的修正。他这样说我必有其原因，不妨换个角度看问题，例如：我如果是他，真的会这样做吗？

• 对认知重评与改变。当外界的情景刺激已经被大脑选择和注意之后，不妨就从此切断，情绪传播的最后一个环节就是我，然后进行情绪反应的调整，拒绝"表达抑制"而是"表达情绪"。

因此不管什么样的情绪，带着上述三大步骤，用"我就是情绪终结者"的态度去真诚交流，坏情绪就会离你愈来愈远。

总之，情绪不是坏事，把情绪附加在"事情上"爆发就是坏事。有时我们需要大胆直面内心的感受，主动地把积累的压力说出来，才能有更多能量去做事情。

思考时间

◆ 遇到情绪问题，你通常如何处理？

◆ 你会用什么词，描述你的不开心？

◆ 遇到有挑战的事，你有过觉察吗？

◆ 这种觉察出的状态，是什么样的？

◆ 你又如何尝试改变并付诸行动的？

侵入性思维：你的大脑在担心你

侵入性思维就像是一种短暂的片段，当我们拥有健康的大脑并且能够有效监控自己的思维时，侵入的想法就只是我们思维中的一点亮点，并没有什么危害。

————————————

你有没有过这样的经历？走在马路上，总会下意识环顾四周，担心像电视剧演的那样，有个匪徒会出来伤害你；做饭时，总不经意间幻想我会不会切到手指，要是切到了，怎么办？

精神病学家调查发现，近90%的普通人都有过此类情况。他们中的30%承认曾有抢钱的想法，40%的人说自己有从高处跳下去的冲动，50%的女性和80%的男性幻想过和陌生人赤身相对。在心理学上，此类现象被称作侵入性思维或闯入性思维，一些人总被这些想法卡住，造成难以全情投入某些事情中。

这些想法夸张、极端，似乎有种大逆不道的感觉；每每"胡思乱想"，你会莫名担忧、害怕其在现实中实现，也可能感到困扰，怀疑自己是否患有潜在疾病等。

如何侵入的？

具体而言，它是一种进入个体意识层面的想法或念头，毫无预兆地产生，侵入内容一般都是有攻击性、色情、禁忌、引起焦虑或是自我贬低的。你可以把它简单理解为：大脑给我们带来的想法，但心理不太认可。

你看到、听到的信息通过神经元记忆，不断制造关联，帮你搜寻各种证明，以匹配现实要应对的局面。但是，有些相关内容并非当下需要，却被拉了出来。出现此类想法是大脑异常活跃的正常表现，并非要求你真正执行。它们会随着其他想法，偶尔蹦出，或像瞌睡虫一样躺在意识中。

那么，一个典型的侵入性过程是什么样的呢？它分为"积极"和"忧虑"两种，前者可以理解成，那些不切实际又违背道德的幻想，后者是大部分人的常态，属于令人恐惧的现象。

一开始脑袋中会冷不丁出现一个不想要（血腥、暴力、色情、悖理）的画面，也可能是场景，或者是听到的消息，闻到的气味等；接下来，你开始焦虑、担忧，心如止水的状态已离你而去。

担忧具体表现为一种预判，即"万一……我怎么办？"它表达了人们对恐惧、怀疑和可能出现的糟糕结果的担忧。有时候你可能会察觉到这种念头并觉得它不太合理、不太正常。它偶尔会发出奇怪的紧急警告，似乎是在打断你、激怒你，甚至反驳你。对于这些念头，你可能会感到焦虑。这些是人们对于新思维或新感觉的一种反应，而担忧是其中的第一个表现。

侵入后，人们会怎么办呢？通常是安慰，但安慰基本"无效"，你试图通过积极幻想抹掉它们，或做别的事情令自己分心来去除不适感，但总被这些问题扰乱。

为什么会这样？一方面，无效的安慰是由担忧触发的怀疑和假设。这种担忧会干扰你的思维，以至于每当担忧出现时，你不断试图争辩、控制、回避、保证、再保证、屈服或中和这种冲突。这些安慰可能会给你一种短暂的解脱感，让你觉得它们很合理，但它们无法真正战胜"忧虑本身"。那些曾经经历过这种现象的人，都深有体会。

另一方面，安慰常常对担忧的声音感到愤怒、羞愧，希望它赶紧消失，最痛苦的地方就在于此。当侵入性思维再次出现，两者总来来回回争论，在争论中不断精神内耗，大脑被它们搞得浑浑噩噩，没有精力全情投入工作中，造成身心俱疲、如堕混沌。

此外，你可能会感觉人与人之间无法真正理解彼此的喜怒哀乐，即使是与你亲密的人也无法与你产生共情。你可能曾向朋友倾诉过烦恼（尽管绝大多数人出于各种原因不愿意或选择自己承受），但并没有得到重视。他们可能会说："你不要想太多，没事的，保持开心就好了，别那么敏感。"

为了看起来正常，你可能会努力融入人群，在别人面前扮演活泼开朗的角色。然而，只有你自己知道，那不是真正的你，你没有表现得那么从容、积极。在这种情况下，你可能会怀疑自己是否"生病"了。

上述一切，就是侵入性思维让一个人想法改变的整个过程，看着有些严重，对不对？其实，对部分人而言的确会遭受此类拧巴状态，之所以难受，是因为采用了不合理的应对方式，而感到痛苦。然而，是什么导致侵入性思维的存在呢？

它们来自哪里？

有心理学家认为，反复出现侵入性想法，表明一个人生活中存在困难和问题，包括人际关系、工作压力，以及养育子女等各个方面；也有人觉得，这些想法之所以莫名冒出，是因为我们不想以这种方式行事。但大脑的防御机制，会吐出它能想到的最糟糕的后果，让你提前知晓。

为什么会这样？举个例子，如果我告诉你不要想紫色大象，你可能会开始考虑其他任何事情，但实际上紫色大象的画面会在你脑海中浮现出来。你能坚持多久不去想它取决于我是否继续提及。这表明了语言和思维之间的相互作用。

简单来说，侵入性思维就像是一种短暂的片段，当我们拥有健康的大脑并且能够有效监控自己的思维时，侵入的想法就只是我们思维中的一点亮点，并没有什么危害。然而，如果我们经常要处理不需要的、暴力的或奇怪的想法，这将对我们的大脑功能产生巨大的影响，它们到底来自哪里？

首先，是过高的警觉性。警觉是一种生存机制，与恐惧相似。当感官感知到可能构成威胁的事物时，大脑会触发一系列反应，以进行战斗或逃跑，当紧张情绪激活杏仁核时，它会暂时削弱我们的清醒思考，以便身体能够集中能量来应对这种威胁。

美国心理学家卡尔·罗杰斯认为，从3岁开始，人们就具备自我参照效应。自我参照效应与记忆的特点相匹配，当信息与我们的自我概念相关时，我们会对其进行更快速地处理和更好的回忆，这种效应会伴随我们一生，但其影响随着年龄的增长而有所波动。

当我们接触到新的事物、画面或信息，我们倾向于将其与自身进行比较，并体验身临其境的感觉。大脑的警觉系统使我们远离可能对自己造成伤害的事物，侵入性的想法通常不会进入大脑，它们起初只是一些记忆碎片定格在脑中，直到我们所处的现实场景与记忆碎片有重叠时，它们才会被调用起来。

假设你经常观看武打或警匪片，其中有许多精彩的打斗场景，并且这些记忆非常清晰。当你需要去银行取款并涉及较大金额时，大脑会自动将电影场景与情境联系起来，促使你采取可预见和可防备的措施。这些记忆碎片有的毫无意义，如果你不注意，它们就会在意识的流动中消散并被冲走；反之，如果你要持续想它，它就会像"那头不要想的紫色大象"一样，持续存在。

其次，焦虑与强迫症也能够引起侵入性思维。有心理学家观察到，侵入性思维最终可以分为两类。一类是与焦虑和强迫症（强迫性障碍）有关，但焦虑程度较低的人则没有如此强烈的反应；另一类是那些随时被调用并引发自动反应的事件，与创伤后应激障碍有关。

值得一提的是，抑郁症患者的侵入性思维可能包括极端的自我评价（非

自醒

黑即白地看待一切）、持续关注负面因素、过度解读、预测坏事情的发生，以及夸大对任何轻微或侮辱性事件的感受。

另外，双相情感障碍的人，常常表现出"大脑中的仓鼠轮"的情况，即当他们开始深入思考时，总是迫不及待地想要看看底下有什么，以及这与他们自己是否相关。在他们意识到之前，他们就会陷入其中。

总而言之，过高的警惕性、焦虑和强迫症是导致大多数正常人出现侵入性思维的原因。对于其他情况，可能存在一些细微的特征，但表现并不是特别明显。

所以，不论哪种情况，它们的本质，可以用两个字总结，即"强迫"。我们可以从习惯形成的机制、监督系统时效、混淆现实和想象三个方面来看。

英国匹兹堡大学的苏珊娜研究团队用小白鼠做过一个实验。他们把小白鼠分成两组，一组没做什么特别的，另一组先听到提示音，然后一秒钟后就有水滴滴在它们鼻子上，小白鼠会试着把水滴抹掉。结果发现，正常的小白鼠听到提示音后不会有什么反应，但是有强迫症的小白鼠在听到提示音后就开始抹脸，即使水滴还没滴下来。后来科学家通过光遗传技术发现，有强迫症的小白鼠的前额叶和纹状体回路出现了异常现象。

所以，可以看出，强迫症患者在养成了一种习惯之后，即使目标改变了，他们也无法像普通人一样快速地改变习惯。

问题到底出在哪里呢？根源在于，我们对想象的依赖程度和对现实的脱离程度。不是你头脑中的想法导致了侵入性思维，而是你对这些想法和行为的解释方式导致了强迫性习惯的形成。背后的原理实际上是多巴胺的分泌给我们带来的奖赏感，就像有洁癖的人洗干净了手，下次还会想要洗，因为错误的思考方式也会形成习惯。

到底如何摆脱？

当做某件事时侵入性思维出现，可以从两方面进行调整。

第一，判断其性质。

首先，现代商业社会的营销会精准利用人类的心理特征。当我们观看恐怖电影时，推荐系统会延伸推荐惊悚、暴力等内容，我们无法改变商业的特性，但我们可以减少与这些推荐媒体的互动，以保持思维的独立性。

要认识到这种侵入性思维是一种不可控的现象，它来自大脑默认的神经网络，是在高度敏感状态下的自我关联。你无须过于纠结它们的来源和为什么会有这样的想法。当不切实际的幻想侵入你的思维时，不要试图刻意压制或推开它们，只要你不过度沉迷其中，它们最终会离开，但同时也要做好它们随时可能回来的准备。

对我来说，在几年前的公司会议上，当涉及一些有争议性的话题时，或者涉及个人问题，我的大脑经常会被一些奇怪的想法所侵入，比如，这是针对我个人的攻击，我应该采取什么对策。但是过一段时间后，这种意图会立即被纠正回来。我会告诉自己不能这样想，因为这样想不利于团队的和谐，别人的言论也可能只是因为业务上的原因。所以，侵入性思维就像是一种短暂的片段，过后就会消失。如果它没有给你带来太大的担忧，就没有必要赋予它太多的意义。

关键在于判断侵入性思维的性质究竟如何。如果它带有严重的负面意图，你要深刻认识到这只是一种负面的想法，并且不要让它真正转化为行动，因为行动可能会带来更严重的后果。

第二，调整看待视角。

我身边有一些朋友处于"轻度侵入性思维"的状态，他们介于完全没有影响和略带疾病性的侵入思维之间。当感到困扰时，他们第一反应是试图赶走或压制这些思维，有时也会伴有一些强迫行为。

如果你已经到了这个阶段，可以在日常生活中运用基础的认知行为疗法来帮助自己。具体来说，我总结了六个步骤：发现、确认、挖掘、再次确认、调整信念和步入正轨。

首先，要发现当前荒诞想法是关于什么问题的；然后，确认这个想法是来自内心还是大脑；其次，需要挖掘出这个想法引发了哪些情绪反应；再次确认，这个想法会让自己变得更糟吗？我会采取什么行动吗？然后，要调整自己的信念，告诉自己，这个想法只是一个小幽灵，一会儿就会消失。最后，需要思考当前还有哪些事情没有完成，让自己的思维专注于这些事情，这样就能逐渐减轻侵入性思维带来的负面影响。我把这个过程称为"认知解离"。

日常生活中，我经常使用这两种方法。实际上，侵入性思维的背后强调了一个重要问题，那就是尽可能让自己远离幻想。毕竟，幻想就像时钟的指针，转了一圈，最终还是回到原点。

总之，不必担忧侵入性思维。但是，如果过分沉浸到产生的想法中，造成实际行动力缺失，就需要正视它们。尝试弄清楚这些想法意味着什么，你才能摆脱那些"侵入"。

思考时间

◆ 你是否理解了侵入性思维，并接受该现象？这是否有助于你减轻因侵入性思维而产生的焦虑和负面情绪？

◆ 你是否过度关注侵入性思维？对其他事情造成干扰？

◆ 你是否试图掩盖或抑制侵入性思维？这是否导致你的侵入性思维强化和产生反弹效果？

◆ 你是否与他人分享过你的经历和感受？这是否有助于你缓解压力和焦虑，并得到情感支持？

◆ 你是否练习过放松技巧，如深呼吸、冥想等？这些是否帮助你减轻了压力和焦虑，并提高了注意力和思维的控制力？

第二章

当下最优解

成长的人生：处处都是变数

人生的轨迹在某些方面不仅由先天因素决定，更多取决于后天因素的影响。遇到什么样的人，发生什么样的事，很大程度上都是随机的连续变量。

先做一件事：打开手机备忘录，尽可能回答以下两个问题，它们可能对你的未来产生深远的影响。

• 假设现在是你的80岁寿辰，你的子孙们都在为你庆祝生日。在你即将离开这个世界的剩余时间里，你希望为他们留下什么？

• 假设你面前出现了6年前的一张照片。结合你对这些年的回忆，有哪些事情让你感到遗憾？或者这些年有哪些令你自豪的成就？请把它们分别写下来。

如果我没猜错的话，我想大多数人可能会一脸茫然，或许还有些惭愧。经过多年的奋斗和努力，经历了很多事情，但能够真正量化展示出来的成就却寥寥无几。我们只能感慨时间过得太快了。

为什么会这样呢？我们在时间的洪流中拼命地奔跑，被信息和物质利益所迷惑，却忘记问自己："我想成为什么样的人？"别担心，别后悔。我把这两个问题提炼出来，就是发现它们可以对人生的重要方向产生影响，主要涉及两个方面：职场生涯和自我成就。

为什么很多人虽然勤奋努力，到晚年却没有实现理想中的"自我状

态"？原因是我们的人生就像一个函数，最终的结果受到许多因素的共同影响，比如家庭环境、出身背景、职业选择和努力程度等。这些因素的重要性和影响力各不相同，但只要我们抓住其中几个关键因素，就能改变人生的走向。

那么，如何找到这些关键要素呢？让我们先了解一个概念，那就是"变量"。

什么是变量？

变量指的是可以变化的事物状态，例如人的年龄、性别、体重，甚至你在游戏中的角色等级等。变量的核心概念是"具有可变化特征的因素"或者"对某一特征的测量"。可以大致理解为，我们学到的知识就像散落在各大社交媒体中的信息片段，如同一间乱七八糟的房间。拥有变量就像拥有了整理箱和抽屉。

学术研究者、专家和知识型自媒体会将信息分类到不同的抽屉中，并贴上标签，这些标签相当于"变量名"，比如管理、哲学、地理、历史、科技、人工智能等等。人们看到这些标签，就可以明确抽屉里装的是哪些内容。所以，拥有变量可以帮助我们更方便地学习感兴趣的科目，只需要找到它们所在的位置。

然而，随着互联网的发展，图文和视频变得多样化。知识就像金字塔一样，越往上越难且理论性越强，从上到下主要分为四个等级：学术论文；教科书；专家体系内容；自媒体文章。

你可以发现，学术型知识越多，我们对某些领域的了解就越深入，教科书可以逐步揭示复杂事物的本质规律，专家体系内容可以根据自身领域的经验总结出一套行业使用的方法，而自媒体文章则对前面几个等级知识进行了进一步解读。

为什么知识会存在这种差异呢？首先，社会现代化建设中，发展生产力是科技进步和创新的根本。这意味着会涌现大量新的学术知识，这些知识需要不断地被解读，以使其对大众具有普适性。例如，碳中和、碳达峰等词汇，普通人很难直观理解其背后的意义，因此需要不断进行阐释。

其次，技术的出现会带来新的市场机会，而媒体传播的本质是"信息"。人们热衷于通过社交网络表达自己，这就导致了信息的多样性；简单来说，这种不同等级的知识划分使得不同社会群体都能够掌握一些信息内容。换句话说，某些抽屉中的内容可能带有主观情感色彩，会影响人们的主观思考。

因此，变量也会因场景和等级的不同而有所区分。从统计学的角度来看，变量有两种类型：数值变量（Metric Variable）；分类变量（Categorical Variable）。

什么是数值变量？

数值变量是描述某个特征或数量的变量，在科学逻辑中也被称为"变量值"。要理解一个变量，通常会有多个数值与之对应，这可能让人感到困惑。

举个简单的例子，"性别"就是一个变量，它对应着男性和女性两个数值。大学的年级也是一个变量，对应着大一、大二、大三和大四等数值。同样，一个人的职业、年龄、教育程度，甚至体重都可以是数值变量。

因此，许多人容易将变量和"变量值"混淆。确切地说，"值"是变量所描述的特征，而变量则是对应着多个值的对象。或者简单点说，变量值是单数，变量是复数。

在现实生活中，如果你不确定某个事物是不是变量，可以从"单数"和"复数"的视角来审视它。清楚地分辨这两者的关系非常重要，因为许多事

自醒

物都以此为基础。例如，在科学的测量、统计和数据分析中，要想获得更准确的结果，就需要将值细化到更小的粒度。

有趣的是，统计学将数值变量进一步分为离散型变量和连续型变量。它是什么意思，对我们有多大帮助呢？从个人的角度来看，我们发现家庭环境、出身背景、职业选择和努力程度等因素都是包含在人自身的变量中，而这些变量的变化很难被我们完全掌握。然而，唯一不变的是"时间"，它按照有序的方式在世界中流转，而人类则是时间中的连续变量。

因此，我们唯一能做的就是在一生中尽可能观察那些变化后"确定性概率"较高的事物，并使其产生复利效应，即指资产收益率以复利计息时，经过若干期后资产规模（本利和）将超过以单利计息时的情况。同时，需要遵循所谓的"一万小时定律（要成为某个领域的专家，需要10000小时）"，才有可能获得自己想要的 。

举个例子，你拥有10年的工作经验，当你离开某个平台时，除了工作经验外，你还能得到什么？再比如短视频、图文、直播等，一旦潮流过去，还有哪些东西能抓住？综合而言，可以得出结论，人生的轨迹在某些方面不仅由先天因素决定，更多取决于后天因素的影响。遇到什么样的人，发生什么样的事，很大程度上都是随机的连续变量。

这些连续变量往往无法预测，它们经常会改变我们的人生轨迹。因此，如果想要成功，不仅抓住机遇是关键，还需要看到什么是不变的，并持续投入。这样，我们自身的变量值才会占据主导位置。换句话说，在一个时间段内，数值不断变化，而我们需要考虑如何提高数值增加的概率。但是掌握这些因素可以大致决定人生轨迹的正确方向吗？并不一定。

数值变量在不同行业中的应用非常重要。如果将数值变量比作广度，那么分类变量就是深度。只有将两者结合起来，我们的职业生涯和个人成就才能得到提升。你在某个行业中的深度和认知程度越高，你的成就也会越大。

什么是分类变量？

分类变量在维基百科中被定义为"事物类别的某个名称"，比如性别、行业、哲学等。而分类变量又可以分为两种类型：无序分类和有序分类。

先来说说无序分类。无序分类并不是指生活中的"乱七八糟"，而是指在所有的分类或属性之间没有程度和顺序上的差别。通常，无序分类只用于分类，没有顺序上的取值差异。它又可以分为二分变量和多分类变量。

当你去医院看病时，病历本上通常会记录性别（男性/女性）和血型（A、B、AB、O）。而在重症监护室，患者急需输血时，通常会根据血型进行补充，而不会进一步细分男性和女性。

电商平台在营销活动中，习惯按照不同的属性标签进行精细化分层，比如针对爱美的、年龄在20~30岁的、油性皮肤等用户。而短视频平台会综合考虑点赞量、作品质量和阅读数来评估一个账号的质量。

因此，无序分类特征将数据进行精细化的颗粒化处理，通过算法精确预测解决现实生活中无法用肉眼观察到的难题，或者向你推荐你感兴趣的内容，让你持续上瘾。

无序分类背后对我们的启示是什么呢？假设我们能够将某个事物进行颗粒化处理，一方面，你将更清楚地认识到某个事物发生的根源，然后可以提供完美的解决方案。另一方面，你可以基于大量的成功经验进行推演，并积极进行创新。

举个例子，随着自媒体的兴起，我看到很多人在打造个人品牌，但能够真正理解并成功成为大IP的人却寥寥无几。为什么会这样呢？一些主播认为，只有长期做好视频并积累用户量才有可能出圈，而图文创作者认为，只有做好文字并积累私域用户才是关键。在我看来，这些观点都被表面功夫所蒙蔽。

我们知道，一件事物有其生命周期，人和账号就是平台的变量。如果你的作品（图文、视频）没有得到平台的推荐，变量值就会越来越小，最终可能会失败，或者如果平台内部开始竞争，你将会面临更大的困难。

进一步来说，我们每个人都是无序分类中的"变量"，无法逃脱大平台的规则限制。你不仅要按照平台的规则去行动，还需要思考，如果有一天你不再从事这个领域，如何能够延长自己的周期价值。

实际上，古代的智者（如老子、孔子、鬼谷子）已经告诉了我们成为大IP的方法，他们当时并没有互联网平台，但他们的口碑传承至今。所以我一直在强调，我们可以通过借鉴别人成功的经验来拆解他们成长的路径，并勇敢地进行创新，这样的结果基本上不会差。因此，前人已经走过了的那些路径，我们无须白白浪费时间去摸索。除了浪费精力外，并没有任何作用。我们只需要找到他们背后的路径就可以了。

就像科学创业一样，纯粹的创新往往会导致失败，但是90%的模仿加上10%的创新会带来很好的效果。将无序分类的思维方法应用于职业生涯中，你可以学习别人一半的人生经验而无须投入几十年的时间。

拆解他人如何快速达到高层的目标，求证他们走过的路与其他人有何不同。总而言之，只有量化细节，才能基于每个环节进行创新，从而提高成功的概率。

再说后者，有序分类变量在表达什么呢？浅显的解答为"等级变量"，好比学历分为小学、初中、大学、研究生等，你可以把它理解为按照等级分组，观察各数据的倍增状态。如同在医学界把高血压分为四个等级，0＝正常，1＝正常高值，2＝1级高血压，3＝2级高血压，4＝3级高血压；尿蛋白水平也是同样（1＝±，2＝＋，3＝＋＋，4＝＋＋＋），等等。

或者，假设有一组经济水平的数据变量，它有三个分类（低、中、高），我们可以把调查人群按照经济收入水平分为"低、中、高收入人群"，然后还可以根据收入的高低，给调查对象排序。

因此，它与无序分类变量的不同在于"有序分类变量"的各项选项直接呈现一个递增或递减的关系，这犹如巴菲特的投资理论，人生就像滚雪球，重要的是发现很湿的雪和很长的坡道。

综合而言，有序分类变量给我们带来的启发是什么呢？"雪球的坡道是等级变量，掌握雪球就能滚动起来。"转换在人生中的应用就是，"越是那些简单重复持续向上的基本套路"就越容易成功。如"樊登读书"的知识付费、开线下咖啡店，均有可复制的方法论，可复制就能成功吗？未必，要是这样容易或许很多人早就实现。

怎么找到一件正确的事持续投入让其带来回报呢？有四个维度的判断：看行业；看周期；看变量；持续投入。

首先，你所在的行业它属于高频复购极强还是低频客单价高很重要，这直接决定普通人赚钱的能力；其次，行业阶段（进入、发展、成熟、衰退）注定了竞争的格局。再者，不论是红海与蓝海市场都有"机会红利"，积极创新与圈层起到决定性作用，最后持续的投入是不可缺失的要素；久而久之你也能在某个领域获得不小的成就。

每年我都能看到类似"公众号还值得投入吗"的文章；总有人进场退场，这代表了不好吗？大多数人付出后没有看到成果就知难而退，而另一部分人却把公众号当作内容触达用户的基本盘。因为不论是视频，还是图文，它的本质都是"信息"，信息具有多维度的运用，可以成为专栏、音频、短视频，甚至电子书；这就成为小趋势中复利的边缘红利。

所以，虽然站在行业视角市场变量不可控，但至少"有序和无序的分类变量"能让我们找到可参考的方法论，进而抓住发展规律。

综合而言，无序分类变量能让数据颗粒化，有序分类变量能够找到各等级之间的规律。站在审视视角对照我们的人生，有序的变量就是那些"职业规划的发展"，无序的变量就是"每日投入工作的精细化程度"。

说这么多，这些显然都是普通人每天在做的，你不可能每天都在研究白皮书抢占一个大趋势风口；因此真正能给人带来机会的反而是从细微处发展起来的大变化，恰恰是身边的"小趋势"。

小趋势的核心是什么呢？是影响趋势的趋势，带来改变的改变。经济学家何帆曾说："这个时代最不缺的是对大趋势的预测，但最稀缺的是对小趋势的观察。"

一个大趋势的到来往往是"快变量"，如同天气，或海上波浪极速的上升和退潮；但掌握小趋势需要"慢变量"，如企业制度的改革与组织的打造发展，是需要长时间投入并做正确的事。

因此，能够把事情做成，往往在于掌握快变量或深耕红海过去后的慢变量以及有序与无序的结合。

短视频在2012—2015年就到了成熟期，当年的炫一下科技旗下有几十个视频App，可是行业到2017年才爆发，这家公司却彻底掉队了。短视频成熟期属于大趋势，而那时抓住红利的人都是因为抓住了"快变量"。风口退去后有一拨人退出，也有新的玩家——快手、抖音、好看视频等入局；所以大趋势的快变量都是由小趋势的慢变量组成；发展初期看大趋势，发展后期看小趋势。

或者换个例子，2022年左右资本与大佬频繁入局新能源汽车，相关上下游产业链股票大涨，全球领先的锂电池研发制造公司宁德时代总市值也飙升。这背后形成的原因是全球变暖，从而导致中国力争在2030年前实现碳达峰，2060年前实现碳中和，以及由此带来了一系列新的发展战略。

如此种种情况好比指南针确定旅途方向，然后从慢变量开车上路，但不会跟很多人一样从最终出口出去；而是经停村庄、城市，走进人群，完成自己的小趋势。

说明什么呢？大趋势的快变量若无实力的支撑，"普通人"很难抓住；对应小趋势的慢变量才是"普通人"应该追求的。但多数人却把两者搞反，作为普通人去追求快变量，与大玩家拼命追逐，最后复盘什么都没得到，这显然不合理，也是非理性的。

人生不也是这样吗？每天匆匆忙忙工作，吃快餐、乘快车，赚钱要快、出名要快，甚至升职加薪也要快，这种快状态的深层心态是什么呢？其实是社会转型期和未来前景的不确定性，让很多人"心中长草"。特别现在每天收到海量信息，面对各种诱惑，很多人担心顾此失彼；害怕被时代落下，被别人超越，有一种"别人往前跑，自己也不敢停下来"的心态。

要知道，快变量本身并不是问题。个人角度加速成长，企业角度快速发展，并不意味着你的压力就该这么大，有时慢下来思考未来的方向比"快"更重要。

进一步说，有的人碌碌无为一生并非不努力，而是没有找到"自我方向"，活在各种规则中并未放大价值；很多时候你的努力看不到希望的原因在于两方面：一是对内生长；二是没有对外放大。

前者，我们所有的学习都在围绕自身向内展开，如跑步、晨练、阅读、订阅付费专栏、学习英语、报网络课程等，这属于人生变量中的"有序变量"；后者，则要求你围绕外部环境展开，把自己的知识、掌握的技能总结输出，如写作、画画、编程等；为了更好地理解，你不妨把前者看作培养习惯，把后者看作打造技能。

所以，我们一生过度培养对内生长，而忘记对外展现实力，让自身进入新的轨迹中，正是这种观念让自己停滞不前。

那如何改变呢？将自身拥有的技能和实力通过自媒体平台放大是许多普通人的首选方法，但很多人付出了努力却没有实现质的飞跃。原因在于他们缺乏作品思维，没有抓住成功的方法。他们总是希望快速取得成果，录个视频10分钟就想得到数万的阅读量，最终却无法实现。然而，认真思考、放慢节奏，并对每个环节进行精细化打磨，这才是无序分类变量中将事情颗粒化的关键。

因此，慢的过程非常重要。但这并不意味着你能够在行业中立即崭露头角。在这里，有六个阶段可以帮助你更成功。

- 闭环：建立一个完整的循环系统，使得每个环节都能相互衔接。
- 迭代：不断优化和改进，不断重复过程以取得更好的结果。
- 进化：不断重启进化自己，持续寻求进步和成长。
- 内核：将注意力集中在核心要素上，找到事物的本质和核心竞争力。
- 复利：为自己所做的事情找到使命感和意义，让其超越个人利益，成为价值的体现，通过持续投入和积累，获得复利效应，让成果不断增长。
- 模式：思考和建立适合自己的商业模式，使其能够经受时间的考验；通过持续的努力和积累，让自己的价值和影响力逐渐显现出来。

前期，完成比完美更加重要。试着将多年的工作经验像专家一样量化成产品，进行持续迭代和快速进化。不断重启自己，拥有作品思维，不追求短期变量的快速增长。中期，当自身内核足够稳定时，思考自己的产品是否夯实，能否产生复利效应。当基础牢固后，要为自己所做的事情寻找使命感。后期，试着寻找自己的商业模式，思考它是否经得起时间的考验。才能将其与古代的智者（如老子、孟子、鬼谷子）的成事法则进行对照。

他们的智慧之道与我们如何成功的思路是一致的。通过观察和思考人生的本质，追求内心的平衡和真理，将自身的智慧传承下去，才能使其在时间的洪流中经久不衰。

总结一下，变量有四个维度，依次为：数值变量、有序无序的分类变量、快变量和慢变量。

它们时刻都在掌握人生这艘大船。无序分类变量代表你做事颗粒化的精准度，有序分类变量研究发展的规律。快变量要求你紧抓趋势，慢变量要求你静下心拥有作品思维，合起来就是小趋势下成事的方法。

思考时间

◆ 对于普通人而言，终其一生的职业生涯难道不是在为"自我成就"而服务吗？

◆ 你是否思考过未来的方向，以便在人生中留下有意义的东西？

◆ 你是否理解人生变量的概念，以便了解人生的方向和重要因素？

◆ 你是否分类整理过知识，以便更好地学习感兴趣的领域？

◆ 你是否了解知识的等级和差异，以便根据能力和需求选择适合的知识？

◆ 你是否理解变量的不同类型，以便在决策中做出更准确的判断？

自 醒

不抱怨烂牌：选择当下最优解

重要的不是我们对生活的期望，而是生活对我们的期望。选择一个更好的回应方式，让一切坏事朝着好的方向进行，就能借着挖掘内心和磨砺锻炼的机会，把一副烂牌打好。

多年阅读中，我认识了很多各具特色的名人，比如精神分析学派的弗洛伊德，将逻辑学和沟通结合起来的让·皮亚杰，以及对人的动机持整体看法的马斯洛等人物。虽然他们都不认识我，但这并不重要。我发现一个特别有意思的人，他在多本书中被提及，许多人都认可他的心智模式，这个人就是维克多·弗兰克尔。

他出生在贫穷的犹太家庭，是意义治疗与存在主义分析的提出者。他因《活出生命的意义》而闻名于世，看完他的故事，你对人生技能、运气和选择，可能会有新的认识。

弗兰克尔的故事

1942年第二次世界大战期间，弗兰克尔和他的家人都被关进集中营，他和集中营的其他囚犯一样，不仅要修路干活，还随时可能被关进毒气室进行实验、被纳粹分子凌辱。他的妻子、父亲和兄弟都死在集中营。

弗兰克尔深受折磨，历经酷刑，过着与原本人生规划完全不相关的生活，有一天，他忽然有了新想法：虽然无法控制苦难程度，但可以控制时时面对死亡，以及内心应对折磨的反应。

于是，他建立了一种新的心智模式，即重要的不是我们对生活的期望，而是生活对我们的期望。我们可以停下来想一想，该如何回答生活每时每刻给我们提出的问题。

之后，他选择忍受并积极应对，将监狱生活视为从事学术活动的机会，以研究人在极端环境中的变化。这种思维转变让他在1948年获得了哲学博士学位，并帮助其他人在苦难中找到生命的意义，重建自尊。战争结束后，他自创了一套心理疗法，成为享有盛誉的"存在—分析"学说的领袖。

我想，每个人在生活中都会遇到各种问题，遭遇艰难困境，如果我们能够如同弗兰克尔所主张的那样，选择一个更好的回应方式，让一切坏事朝着好的方向进行，就能借着挖掘内心和磨砺锻炼的机会，把一副烂牌打好。我认为所谓好牌，包括相对较好的学历、特长，以及身材相貌等。反之，处于劣势地位的，则称为烂牌；我见过太多好牌打烂、烂牌打好的例子。

我有一位同学，高中毕业后一直在外地工作，责任心非常强，擅长社交，他总是能找到各行业的朋友帮忙。他在老家开了几家奶茶店，生意做得还不错。前几年，同学说，凭他自己的努力加上积累的人脉及运气，未来肯定能超越同龄人。不幸的是，他在社交、积累人脉时，认识了很多三教九流的人，染上了赌瘾。不到半年时间，输的数额越来越大，欠下很多债，令他的家庭变得支离破碎。本来大有可为的前途，被毁得一塌糊涂。

前几年，每个咖啡馆都能听到"O2O、本地团购"的声音，唐万里和他的团队看到其中的机会，创立"回家吃饭"App，和其他平台不一样，在"回家吃饭"App中，提供食物的乙方不是餐饮门店，而是待在家里的退休人员、家庭主妇等，点单需要提前预约。当时市场中反应不错，被誉为"餐饮界的滴滴"，估值近20亿元人民币，然而好景不长，"回家吃饭"于2020年停运。二次转身做战略选择，对创业的人非常重要。唐万里结束上一段创业旅程，投身预制菜赛道，借助平台电商兴起的机会，3年时间，完成近8亿销售额，可谓是预制菜赛道的一匹黑马。

太多创业者因为"黑天鹅"事件进入困境，一蹶不振，也有很多创业者从中走出来。有时，明知机会不大，但为了个人价值、社会价值，以及公司背后的几百个家庭，仍然阔步前行。这种敢于冒险和探索的精神，用维克多·弗兰克尔的话说就是最能表达我的内心评价。

他说，我们不应该问生活的意义是什么，而应该像那些每时每刻都被生活质问的人那样，去思考自身；我们的回答不是"说和想"，而是采取正确的行动，生命的最终意义承担着接受所有挑战，完成自己该完成的任务这一巨大责任。

用更通俗的话解释就是，假设你现在拿一手烂牌，不要问为什么拿烂牌，也别幻想拿到好牌会怎么样。你能做的，不是"一味地空想和表达"，而是把注意力放在如何将烂牌打好的行动和思考上，去承担打好的责任。

如何把烂牌打好？

第一步，用"赋权"转化"控制"。

最近健身房去得比较勤，一组器械下来，发现最难做到控制、保持一个姿势，完全不知道如何用力，如何稳定发挥。

亲密关系也是如此。大家都说爱是克制，喜欢是放肆。我们应该学会如何控制自己，用对方能接受的方式去对待对方。而不是一味自己行动，然后觉得"我对你这么好，你怎么能这样对我，你真没良心"。这一点非常重要。

通过这段论述，你能感觉到控制在日常做事中的重要性，这种控制会使得人与人之间的感情更近，但是，控制有时会成为一种贬义词。

比如控制饮食，减轻体重，让别人不会说我胖，我才能穿衣自由；我要好好计划，按照内心的要求进行，才不会打乱节奏感。认真观察，你会发现，想控制的每件事，几乎都无法避免失望的可能性。其实，试图控制的过程，更像是一个人毫无安全感，不停地向外寻找确定性。

几个月前，我去医院看望一位因为抑郁而有进食障碍的朋友。他跟我说："觉得人生白白浪费了，自己在无谓的痛苦中错失了很多时光。"

我理解这种想法，我也曾在工作发展上升期间，身体遇到问题，做过手术，在医院躺了半个月之久。当时我也曾埋怨过："如果以前好好吃饭，就不会得胃病。"但后来我才意识到，那些养病的日子并没有被浪费。

为什么呢？早期，我天天期待康复出院。我每天焦虑着，毕竟只有上班才能赚钱，休息什么都拿不到。然而，在与疾病做斗争的过程中，让我明白了，大部分烂牌是自己选择的。当我们面对烂牌时，选择什么样的态度，就能赋予什么样的意义。

后来，我的态度转变为"赋权"，即向外寻求，控制自己真正能左右的事情。我不再关注"病什么时候好"，而是开始思考，今天输液后，我还能做些什么有意义的事情？现在回忆起那段时间，我感到一半是失落和遗憾，一半是收获和喜悦。

我深知，在痛苦中寻找成长的意义，是一次自我赋权的过程。毕竟，从"一再失控"转变为"选择过好当下"的觉悟是很难被挖掘出来的。正是那段时光，让我觉得过好每天格外的重要。

很多同事问我，为何看你总有源源不断的精力？我想用陀思妥耶夫斯基说过的话来形容，"我最害怕一件事，那就是我配不上我受的痛苦"。说白了，生病卧床休息并不算太痛苦，与耗费时光相比，找不到时间及人生的意义，更为痛苦。

前段时间，我在网上看到一条播放千万次的视频。该视频讲述了一位退伍士兵在服役期间受到伤害，医生给他下了诊断书，告诉他再也不能走路。

在被迫"接受"这一现实15年后，他身上堆满了赘肉。而在47岁时，即使身体残疾，他仍花费10个月的时间，减掉约60公斤。

诚然，想要把手中"烂牌"打好，先要接纳现实和当下的自己，并在内心建立起一种全新的价值观，即"我每天要过得很充实，要有价值，不浪费"；如果无法做到自我接纳，就会觉得自己没价值，陷入"我不够好"，无法将注意力转向"如何过好当下的每一天"。

接纳自己后，怎么相信自己的价值？过去，我们习惯从行动层面要求自己，试图通过自己的行为来判断自己的价值。现在，不妨用"存在的眼光"来看待时间。想一想，某段难过的时光，它的价值是什么？这段时光要求我怎么样？也许会打开一种新的视角。

比如我身边的一位朋友，半年没有找到工作。前三个月，几乎每天都颓废在家中。后三个月才意识到，这种行为无法帮助他走出困境。于是，每天花1个小时投简历，开始把注意力放在做视频自媒体上。出乎意料的是，他后来如愿以偿地得到了机会，而且因为"自媒体"有了加分项，这就是，用"存在的眼光"来看待时间的意义。

现在，不妨想一想，你遇到逆境时（当下），用什么态度面对每一天？是在混日子，还是在努力生活？你和半年前的自己有何不同？

年轻、身体健康的你，为什么仍然在追求平庸？是改变不了，还是无从改变？真的有那么艰难？我想，可能还是生活太过安逸，让你陷入一种循环。

第二步，提升你的技能运。

成功有很多定义，99%的勤奋+1%的天分、（工作+休息）×少说空话、（意愿+能力）×行动等，诸如此类还有很多，我认为，完全可以用技能+运气来总结。

这里的运气可能是好运气，也可能是坏运气。在不同的活动中，这两个因素所占比例可能完全不同。可以画一条直线，左侧写技能，右侧写运气。不同活动，可能存在不同的坐标点。

越往左，越依赖技能，越少依赖运气；越往右，越依赖运气，越少依赖技能。例如下棋、跑步完全依赖技能，而一些活动完全依赖运气，与技能无关，例如买彩票。

我举个例子，现在有两个瓶子，一个里面装着印有1、2、3等数字的蓝色球，代表技能，另一个装着印有 -5、0、5 等数字的红色球，代表运气；现在从两个瓶子中各拿出一个球，加起来分值就是结果。

会得出什么概率？1/3的结果为负，好像一个人开车技术并不成熟时去开车，却赶上坏运气撞车，相当于从人生中出局。假设第一个瓶子中有三个球，数值是4、5、6，这三个球分别代表三个人。技能为4的人可能依然有1/3的概率出局，而技能为6的人，则不论如何都不可能出局。如果三个技能值分别是7、8、9呢？我想，即使在最坏情况下，也都不会出局。

如果把每次拿出的两个不同颜色的球看作一系列比赛，不断进行下去，长期看来，运气会时好时坏，但技能可能会抵消掉运气。因此，到底哪个起到决定性作用？显然，运气不可控，有好有坏，也可能出现"0"（什么都没发生）。我们不知道它什么时候发生，不知道好坏的程度，但只知道，最坏情况下，可能导致灭顶之灾。

与此相对，技能可控，通过刻意练习，绝对概率可以极大提高，而最直接应对烂牌的策略，应该是通过选择来回避坏运气。

大家都说，选择很重要。所谓创业成功，无非是解题高手做对了选择题，更确切地讲，很多人"知道选择，也不知道选择"。为什么？他们虽然有自由的意志，却完全没有管理自由的能力。

我们小区楼下有一个商铺之前做茶饮，但是好几个老板都没赚到钱。现在新来的老板也做茶饮，但每天客流量爆满。我很好奇，观察了好几天，借着买饮料的名义和老板寒暄了几句。他说，之前的店主不赚钱，是因为他们不懂得如何赚钱。在盘下这家店之前，他已经观察了两个月，每天分析客流量、客单价和经营指标，发现首要因素是要降低门槛，吸引顾客来，然后提高客单价才能赚钱。以前店主做的品类价格都比较高，旁边有星巴克，所以没机会。我现在的价格比他们低，而且开业前，周围几栋楼我都发了传单，并给老人免费提供柠檬茶，以保证客源。

后来，我恍然大悟。如果以前的老板在开店前，把工作做得更加细致，大概率不会失败；也就是说，在技能—运气的横轴上，尽可能选择去做左端的事情，提高技能值，把每一步都量化出来，才能减少坏运气导致的失败。

所以，如果技能没有达到一定高度，别总指望运气，因为运气很可怕。这里的技能不仅代表"你会什么"，还代表"精益求精"的态度，别人挖1米深的井，你至少要挖到1.5米。

我花很长时间才想清楚，先定义意外的好运究竟是什么，然后把它和"不可控的运气区分"，再磨炼技能，才是打好烂牌的最根本手段。

什么是意外的好运？我想不到的好事发生了、想到的"坏事"没有发生，或者，我把那些能想到的"坏事"都避开了。为什么有的消费品做短视频能成功？有的却不成功？除资本因素外，我想，成功的创始人心中早已有一张隐形地图，上面铺满如何避开踩坑的布局。

所以，至少现在，你应该庆幸坏运气还没有降临，但这不代表发生时你有能力承受，坏事来临前，还可以想想如何提前避开；虽然已经明白技能在运气中的重要性，但这还不够。

第三步，准确把握出牌的机会。

如何出牌？放在创业领域你肯定会说，观察竞争对手，找到差异化，趁其不备快速占领市场，或在存量中，提高产品品质和服务。这些，我并不否定。但我认为要坚持一个原则，就是想清楚为什么要出牌，你基本可以提高成功率。

不要频繁出牌，每次出牌，不要追求绝对意义上的"最佳选择"，而要从当下认知水平、环境做出"最优选择"。即便回头你发现，自己选择错误，也没多大关系。

毕竟从长远角度看，一次出牌对整体影响很小，你获胜的概率不是由一次选择决定，而是一次次叠加之后的结果，但这里要注意，审视清楚想要什么，能做什么。

从人生轨迹或创业场景看，很多人想要的东西，更像一种虚无缥缈的欲望，假设不能在如何做好层面可视化以及具体化，你可能会把本身很好的牌打烂掉。

举个例子，数年过去了，仍有一些创业者为了项目而寻求资金，尝试各种手段，比如画饼，描述能达到多少业绩。但做投资的都不傻，能骗到的都是信任的人，钱拿到之后呢？一纸隐形对赌契约的形成，反而套牢自己。

我有一个朋友在一家B轮企业做运营，老板说最近要融资，要想办法把运营转化数据做好看些，的确通过补贴等手段转化率提升了，然而，利润率薄如蝉翼，最终资本也没有买单。

一定要放弃企图通过一次手段就能改变整个局面的想法。这种想法不现实，反而会束缚我们，使我们过于担心，畏首畏尾，不敢做出选择。所以，在出牌上要做的，是学会"反馈"。

职场也一样，有位朋友跟我谈起她工作多不顺：领导不给力、在项目组做很多事情无人支持、各部门沟通不畅，让她收拾烂摊子。和我聊天中她一直在抱怨，把各种问题数落个遍，我都感觉她身上有祥林嫂的影子。说实话，偶尔发牢骚可以缓解焦虑，但总把问题归咎于外界，采用消极式回应，往往是逃避的表现，更直接地说是"被害人心理"。一旦有这种心态，无时无刻都会感觉无能为力，很容易被禁锢在思想的牢笼中。我跟她讲，改变不了环境，你可以随时辞职，找一份自己喜欢的工作，也可以尝试把精力放在新领域，花时间学一些新东西，时机成熟，你就可以得到其他选择。

很多时候不是我们没有选择，而是我们总想既要、又要、还要……每项都想兼得，怎么可能？这样造成的结果是你最终没得选；所以，最佳的选择，是在每一次要选择时"从当下角度出发"，到底是迎难而上，还是逃避

自醒

退缩？还是想办法突破，看作一次改变的机会？这些才是改变命运的关键。

总体而言，道理很简单，就是做不来。如果你能把时间、精力投入有效行动的思考中去，注意是"有效行动的思考中"，且每次遇到问题都想办法解决，并把当下当作人生最后一天，不抱怨地专心做事，烂牌怎么可能打不好？

思考时间

◆ 你在维克多·弗兰克尔的心智模式中学到了什么？

◆ 你会如何对待、回答生活提出的问题？

◆ 遇到困难时，你通常会选择退缩吗？

◆ 你的技能有多少？有没有拿手技能？

◆ 你是先思考后行动，还是在行动中思考？

选好评价标准：别把攻击矛头指向自己

唯有关注评价体系内核，才能获得更多健康和稳固的价值感；相反，当我们更关注外部价值时，会陷入不确定性中。

———————

我和一个朋友散步的时候，他跟我抱怨说已经离职半年，还没有找到工作。前几个月，他每天早上都会习惯性地醒来，然后像上班一样洗漱完毕，坐在电脑前做些事情。但是，最近三个月，因为没有正反馈，赚的钱又不多，就开始变得懒散了。

我告诉他应该找个工作，但他说："不是我不想找，是找不到！"每次打开招聘软件或者找人内推，面对 HR 的"你暂时不符合我们的要求"或者朋友的"你的简历不好，应该改一改"等回复，总有股厌倦感涌上心头。

他变得消极，价值感变得特别低；甚至出去散心都没有兴趣，感觉像个废人。其实，这种状态并不一定只出现在工作中，在男女朋友交往，以及上学期间，我们都遇到过这种情况。

就像小时候你学习很努力，最后还是没有考上理想的大学，被同学贴上"真笨"的标签；但是成年人面对的压力更大，上有老下有小，各种看不见的不确定性，这种情况似乎更加明显。

什么是价值感？个人在社会、组织或小团体中享受到的声誉，以及所产生的积极情感体验，这种体验让人显得自信、自尊和自强，反之，则易产生自卑、自暴自弃。

比如你以前做着一份有价值的工作，在公司受到领导、同事认可，每天非常开心，正能量爆棚；自从结婚生孩子后，你重新回到原来的岗位，发现过去半年间，发生了翻天覆地的变化。

尽管很努力用心学习，却发现体力、脑力都跟不上了，你感到停滞不前，和年轻时根本没法比，这一切，就会让你产生极低的价值感。按照普遍观点来说，自尊的本质就是对价值感的评价，所以，评价本身存在参考和比较，因此，我们的价值感有两个来源，分别是横向比较和纵向比较。

横向比较是社会比较

这是一种获得自我价值最原始的方式，但也最容易导致幸福丢失，它属于永无止境的排名游戏。

当我们将自己与他人进行比较，并根据社会评判标准来评价自己时，会发生一种消极现象：把一切变成一个人际关系中的竞争比赛。这种情况下，我们的自我评价、价值感变得极度依赖他人对我们的认可，如果在比较中，排名较高，我们会产生傲慢和优越感，如果排名较低，自卑就会出现。

例如学生在学校中，被分成不同等级和名次。如果学生排名较高，他可能会对其他排名较低的学生，产生傲慢、优越感；相反，那些排名较低的学生，可能会感到自卑和沮丧，因为他们觉得不如那些排名较高的同学，会失去自信和动力。

你可能会说，这没什么不好。一个人要社会地位高，才会觉得有价值，处在劣势位置的痛苦，可以激励人们前进，从而实现"人上人"的梦想。确实人们在追求自我实现时，下意识会希望变得更好、更优秀，获得更高评价；

然而现实是，横向比较有两大问题。

第一，评级体系范围变大。

一个年轻人在学校以学术成绩优秀感到自豪，进入职场后发现传统的学术评价标准在职场环境中变得地位较低，其他因素如社交能力、商业分析能力和销售技巧变得更加重要，这种转变导致他的自我价值感短暂失衡。他可能感到困惑和挑战，因为以前所依赖的成绩、学术成就不再是唯一的衡量标准。

同样地，许多工作了5~7年的职场人，也面临过类似的问题。无论是主动离职还是被迫离职，他们在转型做自媒体等新领域时会遇到困难。他们发现，以前努力得到结果的评价体系基于公司，而现在突然要基于整个行业，使得自己不得不发展新技能，来满足社会的评价标准。

第二，参照范围定位不清晰。

横向比较时，会面临一个问题，那就是，应该与哪些人进行比较。在人类最初的比较体系中，我们并不会无差别地和全人类比较，而是会根据部落形成的机制，与那些与自己处在相似社会经济地位和背景的人进行比较。这种趋向原因是，我们对于和自己相似的人，更容易建立联系共鸣的心理倾向。

如果你和你的老板是同一所学校毕业的，但他年龄比你大10多岁，你可能不太容易与他进行比较。一旦有同龄人或晚辈在年纪相近的情况下，取得与你相当的成就，你可能会感到一些焦虑。

另一种情况是，如果你的老板与你同龄，但他是一所顶级名校的毕业生，年收入达到百万，你可能也不会因此与他进行太多比较，因为他的背景和成就跟你有较大差距。然而，如果你的大学同学们也年入百万，你可能会感到一种被人甩在身后的落后感。简单来说，我们内心的参照空间，会把一部分跟自己比较接近的人放进去，并与其进行比较，这是社会运作的基本逻辑，本身问题也不大。

可是，现代媒体让横向体系变得极为广大，让每个人都有种被踩在脚下

自醒

的感觉；就像我朋友所说，原本自己做内容只想有个思考空间，不知道为什么，现在不仅变成副业，还必须日更、周更，一旦跟不上节奏，似乎就与行业节奏脱轨。

更严重的是，横向体系中，参照系的无边界放大，会导致价值焦虑的上升。以前女生很少因为身材不自信，现在A4腰、反手摸肚脐等严苛的指标，让女性对自己身材普遍不自信。因此横向比较的问题是，这种设定像赛马机制，一定有输有赢，并且大量社交媒体，还会制造出推崇的现象。这就意味着，你必须很努力，可能才能达到某种状态，甚至你本并不想达到某个高度，却因各种信息的影响，而投身其中。

纵向比较是自我比较

生活中，一些人不太喜欢进行横向对比，他们喜欢跟自己对比。我认为，用动机学中的"个人评分标准"的倾向来形容，最佳不过。也就是，以时间作为线索与过去相比，给现在打分，认识到自己是进步，还是停滞不前。

很多研究发现，与社会比较的人相比，自我比较的人相对价值感更稳定，幸福感更高，但是也有两点缺陷。

第一，评价维度可能存在扭曲。

西方心理学奠基人之一的威廉·詹姆斯曾说："自尊是建立在重要领域的能力之上。"换言之，如果重视擅长的事，忽略不擅长的事，就能提高自尊心；这也意味着，我们对自身评价不是依据一种固定标准，而是习惯性地根据当前的优势来调整。

我在语言方面稍微有些功底，擅长主持各类活动，但不擅长运动，天生不爱打球，截止到30岁摸球的次数不超过10次；年轻时，我认为，它只是一项身体发达的人才喜欢的运动；与此相反，擅长运动的人，可能觉得"主持"是爱抛头露面的人才喜欢的领域。

这种思维方式，会导致我们陷入扭曲的评价中，有时，为维护自尊，我们可能忽略不擅长的领域，从而失去在新领域探索的机会。

第二，没达到目标会内疚自责。

就算不去曲解自我评价标准，尊重外部领域成就，清楚地选择自己认可的领域来评价自己，还会遇到的一个麻烦问题，我们往往无法按照自己的意愿去行动。那些减肥失败、试图戒烟、被旧习惯折磨的人，当多次经历自我控制失败时，对自己的批评、自责和攻击反而比外界给予的更负面、更强烈，这会导致他们进入习惯性否定、自我怀疑中。

我就是典型案例，某个短期目标通过努力没有达到，内心会下意识进行反思，到底是不够努力，还是不够自律，抑或是方法不对？这种思维反刍，常常导致自己无心做下面的事。总之，不管是横向的与社会对比，还是纵向的与以前的自己对比，假设对比内容一直没变化，那么价值感就会一直处在不稳定状态。这时，自尊心越强反而越受伤。一则研究表明，脆弱高自尊的人受伤后反而会"变本加厉"，把"不是我不努力，是没得到机会"挂在嘴边。

还有一类人，他的价值感会随着外界波动而波动，一些创业者，看到市场增长非常开心，而遇到份额下滑，会想尽一切办法维护自己的外在表现，这些办法中不乏数据造假、作弊等手段。

事实上，一些在外在评价体系中被认为极度成功的人，他们仍会觉得自己毫无价值，心里没自信。《哈利·波特》系列电影的女主演艾玛·沃特森曾经坦言，别人越夸奖她，她表现得越好时，内心越觉得不安，她害怕有一天，别人发现她不配拥有目前的成就。

另外一种情况是，一些年轻人借助互联网，短期内获得成就后，很容易陷入空虚、无意义的情绪中，他们会为所拥有的一切快速消失而感到恐惧、焦虑。所以，外界评价体系与自我认同的价值感，并不完全一致，重要的是，要获得稳定的价值体系。

正确的评价体系

既然价值感的根源是评价体系，那么，评价就涉及评价参照物、价值界定、评判标准，把它们简化下，就是三个问题：跟谁比？比什么？怎么比？

关于第一个，我的结论很简单，不要跟别人比，如果要比，那就和过去的自己比。比什么呢？尽量是与内在价值观和美德相关的事。

将追求内在价值观作为评判标准的唯一好处是，它天生就难以进行横向的社会比较，这也很容易让人满足，并且不会因为攀比、跟不上，而感到骄傲或自卑。这方面，阿德勒的畅销书《自卑与超越》入木三分，他提出关于自卑和优越感理论，充分表达了，人们在社会比较中的不安全感。

第二个，该怎么比？我认为，内心评价可以作为竞争排名体系，也可以是一个标准体系，达到某个标准就可以了，这种标准型评价比较友好，我们会因为拥有美德而开心，也不会介意自己的美德是否高人一等。

第三个，是评价体系内核。唯有关注它们，才能获得更多健康和稳固的价值感；相反，当我们关注外部价值时，则会陷入不确定性中。这种危险的高自尊恰巧会引发"不适效应"，就算我们在最擅长的领域取得巨大进步，看起来也不是很高兴。

一位朋友跟我一样从事内容创作。有一天他问我，现在图文自媒体要实现商业化变得非常困难，大多数人都坚持不下去，你为什么还在做？我告诉他，我继续做下去的动力就是"价值感"。

每次写作都是一次自我反思，不仅让我得到认知上的成长，还能将这些经验传播出去，帮助更多的人，这让我非常开心；而商业化问题则是"设计的问题"，只有做好并且巩固自己的事业，商业化才能实现。因此，我反而认为，从容不迫是一种"加速"。

那我们应该如何改变呢？可以从三个方面下手。

第一，整合动机。去做那些自己认为对且重要的事，才能形成正循环，这也是"自我决定论"中的整合动机部分。但是，做自认为对的事未必就能成功，持续做，也未必会成功，反而会因外界干扰，陷入一种恶性循环。

那么，既然知道不会成功，该从哪里找到高自尊？这就回到"目标和价值观"的二者权衡上。你到底追求外界衡量的目标成功还是内部的个人品质与美德？如果你专注于提升内在品质，你的自我价值感很有可能持续增长。

毕竟，在成功的衡量上，内在品质与外在因素是难以相比的。因此，我们将始终保持胜利，同时，内在目标也更加可控，从而确保了成功的概率。

第二，无须价值。当我们在探索价值时，考虑的无非是概念和存在的意义。当感到自我价值时，我们会感受到被肯定和接纳，从而获得安全感。所以，拥有自我价值本身是获取爱和接纳。实际上，真正的接纳并没有定义"一个人是否存在价值"，不信你想想，婴儿、儿童时期，为什么父母都会给予无条件的爱？

换到成年人角度，这种力量表现为接纳自己和自我关怀的程度，但大家普遍的担忧是，当选择自我接纳后，发现"我"是如此平庸，逐渐失去进取心。但一个人获得充足的肯定和安全感后，做任何事情，都能感受到内心充实的状态。

心理学家克里斯廷·内夫在她的专著《自我关怀的力量》中，系统地证明了自我关怀是更好、更稳定的价值来源，而不是一个人是否达到自己重视的目标，所以，当事情不顺时，你可能需要更多的自我关怀，而不是批评。

第三，过程无我。自我价值核心的主旨只有一个——"过程自我观"。自我价值本身是一个隐含假设，将"我"视为标签化的实体，这种潜意识的错觉，使我们很难接受外界的评价。成长性心智本身，是让自我变成空性的，这不意味着你没有内容，而是没有确定的"固有本质"，我们不能用名词理解自我，要用动词方式理解自我。

我认为，当做出决定，做出有价值行动的那一瞬间，我们就拥有了价值。所以，价值不是固定标签，而是有动态的属性，你也不必因为付出后没有收获而感到"无力"，即便没有具体收获，在软能力上也有提升。

另外，值得一提的是，许多人担心一旦与自己和解，不再接受自我批评，不再与他人比较后，就会失去进步的动力。自足自乐的态度本身没有错，我们需要纠正这种误解。那些充分接纳自己的人，由于减少了自我攻击式的内耗，反而有更多精力投身外界事物。

更有趣的是，此时投身外界事物，也不再是为了证明自己多厉害，而是考虑是否为他人带来福祉；当我们为了责任、爱而努力给他人带来福祉时，激发的动力也会变得更纯粹。换句话说，整个评价体系转化的过程是，从我觉得别人做得都比我好，自己没有价值，逐渐转移到我决定做什么，我就能获得价值感。

总体而言，不要用价值标尺去衡量自我表现。停下来多问问自己，付出过程中，除金钱外，我还获得了什么？这样做到底为了外界的眼光还是内心的肯定？如果不这么做，未来我又会失去什么？会让我遗憾吗？如果会，那就慢慢做。毕竟重要的事，要付出很久很久。

思考时间

◆ 你是否重新审视过自己的评价标准？

◆ 你是否尝试过纵向比较，以了解自己是否有进步？

◆ 你是否能避免盲目攀比，去发现自己的独特之处，并注重个人成长和发展？

◆ 你是否学会了接受自己的缺点和失败，避免对自己过于苛刻？

◆ 你是否需要调整自己的心态，更注重内心的平衡和满足感？

强韧的心力：我们总会有更多的选择

"心力"就是有效应对各种需求和挑战的能力，只有自己的心力足够强大，才能够承受生活中的挫折，才能保持那份对未来的期待。

人们对自己的梦想和现实情况的理解，并不总是如实地反映在行为和思考上；因为信念、从小受到的教育以及思维方式，都会改变我们对这些理解的感知。就好比有时候我们会没事找事，胡思乱想，其实这就是对理想和现实的理解被扭曲后的结果。

再说到这个世界，它有自己的规则，每个人也有自己需要面对的困难和要走的路。所以，在面对充满未知的未来时，我们应该学会让自己变得更强大，提升抗压能力和适应能力。这样才能更好地面对未知的未来，越过自己生活中的难关。

心力的四个方面和三个层次

什么是心力？"心力"就是有效应对各种需求和挑战的能力，它是良好心理状态的一个表现。它包括我们与自己、与他人、与事物的互动中的适应性和积极程度。心力主要由四个方面组成：如何管理自己的情绪、如何与人

自醒

交往、如何认识自己和能否适应社会。

如果从外部来看，心力，其实就是我们的韧性。就像有人会被压力压垮，有人则能扛住压力，应对困难。

当我们说到心力时，最常想到的就是韧性，也就是面对并撑过现实压力的能力。这是心力的一个重要表现。比如，如果面临困境时，没有足够的韧性，我们可能就会被困难淹没，找不到解决问题的方法。从另一个角度说，心力是面对问题的本能反应，它代表了我们如何看待和理解世界。有强大心力的人，能更好地理解生活的意义，从而扛住压力，找到解决问题的方法并成功解决。

心力的第二个层次是"抗逆力"。这个词的含义就像弹簧一样，可以反弹，恢复原状。你可以这样想象，你用手指按压弹簧，弹簧会受到压力，但当你松开手时，弹簧又会恢复原状。这就是抗逆力的物理意义。在心理学上，我们通常说抗逆力是指一个人遭受困难或挫折后，能够成功地应对挫折，并迅速恢复身心健康和行为的能力。抗逆力并不是一种天生的能力，而是通过从小到大的训练和经验积累形成的，就像我们的免疫力一样。

例如，有些孩子从小就面对各种挫折，他们可能更容易承受大的压力；而有些孩子被家人过度保护，当他们面临挫折时，可能就会感到不知所措，甚至崩溃。

抗逆力在社会环境中体现为我们为达成长期目标而特有的坚持力和恢复力。美国宾州大学心理学教授安吉拉·李·达克沃斯发现，成功其实不完全取决于你有多聪明、家庭多富裕或是你多么努力，真正的关键是你能否坚持下去。这和达尔文的进化论有异曲同工之妙。达尔文曾说，能在自然界中生存下来的物种，并非最强壮或最聪明，而是能适应环境变化。

抗逆力通常受到三个方面的影响：外部支持要素，也就是"什么能帮我"；内在优势因素，也就是"我有什么"；效能因素，也就是"我能做什么"。

比如说，在生活或创业过程中，我们所处的环境和面临的市场变化，就构成了影响我们抗逆力的外部支持要素。而我们的知识储备、个人形象、解决问题的能力，都是内在优势和能力的一部分，也影响着我们的抗逆力。

心力的第三个层次是"创伤后成长"，这个概念是由理查德·泰德斯基和劳伦斯·卡尔霍恩在1995年提出的，它指的是经历逆境和挑战后产生的积极心理变化。通常来说，当人们经历了创伤（不论是身体上的还是心理上的），他们的情绪、人生信条和目标都会发生改变。

一开始，他们的情绪将面临重大挑战，比如要处理创业失败、面临人生中的重大转折等所引起的负面情绪。接着，他们的人生信条和目标也会受到挑战，个人可能会开始怀疑自己对世界的认知，进入沉思的阶段。在这个阶段，他们可能会思考问题是怎么出现的、为什么会这样。有些人可能会保持冷静，有些人可能会试图通过和他人交流来寻求外界的支持。

在深度沉思之后，他们可能会逐渐改变自己的认知框架，建立新的价值观和目标，从创伤中获得人生的智慧。这个过程是持续的，他们会在反复接受和解决矛盾的过程中，以更开放的心态去应对外界。从这个角度看，韧性和抗逆力可能是大多数成年人所拥有的能力，而创伤后的成长更像是在面对社会巨变时应有的能力。

应激带来的循环

心理学中，个体面对危机或压力的反应通常被称为"应激反应机制"，它可以引导人进入两种不同的反应状态，即心理和生理状态。

心理上的反应包括积极和消极两种状态。积极的反应包括情绪唤起、注意力集中、动机调整和急中生智等，这些反应有助于我们正确理解信息并有效应对压力。而消极反应包括过度思考、情绪过度激动、认知能力下降和自我概念模糊等，可能会阻碍我们对现实环境的有效评价和策略选择。

在生理上，当我们遭遇强烈的压力源（如挫折、困难）时，人的交感－肾上腺髓质系统会被激活。此时，身体会释放大量的肾上腺素和去甲肾上腺素，心率加快，影响一系列神经和内分泌功能。

应激反应机制本应是一种应对压力的机制，但由于人类具有复杂的思考能力，过度的思考往往会抑制应激反应的正常发挥，从而导致各种负面情绪，比如焦虑和烦躁。因此，诸如"内卷""躺平"这样的词汇开始流行，在一定程度上说明了应激机制的失控。虽然专业心理咨询通常采用认知行为疗法来治疗，但问题并未减少，反而在增加。1987年，弗吉尼亚大学的心理学教授丹尼尔·魏格纳做了一个很有趣的实验。他让人们看一只白熊的图片，然后告诉他们千万不要想这只白熊。结果呢？大家的脑子里全都是白熊！这就是我们常说的"白熊效应"。

实际上，这个效应在我们的日常生活中也经常出现。有的人老是担心未来会发生最坏的事情，他们总是把现实和自己的想象混为一谈，然后在未来的不确定性中寻找确定性，结果就是整天活在自己带来的恐惧和焦虑中。他们常常问自己类似这样的问题，例如"如果我三十岁还找不到对象，我长得又不好看怎么办？"或者是"我不喜欢现在的工作，我想过自己想过的生活，但我又怕辞职后达不到自己的期望该怎么办？"这种反复纠结、瞻前顾后的状态就像一个死循环，让人无法自拔。

其实，这种焦虑和恐惧的根源，来自我们人类的一个基本本能——寻求安全感。从生物学的角度看，当外界环境发生变化时大脑底部杏仁核开始工作，把接收到的信息转化为大脑可理解的语言，告知人进入警戒状态。这种本能在我们人类长达1400万年的进化过程中一直都在起着保护我们的作用。但问题在于，我们要学会控制它，而不是让它控制我们。

事实上，为了保护我们，大脑会习惯性地把所有不确定的事情放大，让我们可以更清楚地感知到可能存在的风险。这其实是大脑的一种保护机制，目的是让我们可以做出最佳的应对策略。

然而，如果我们长时间无法确定一些事情，譬如我们的未来会怎样，我们的应激系统就会过于紧张，最后可能会导致我们产生焦虑，甚至抑郁。根据世界卫生组织的数据，每10个人中就有一个人有过抑郁症的经历。

每个人在生活中都会有一些不顺心的时候，比如工作压力大、感到孤独等，这些负面的情绪如果积累起来，就会让我们感到烦躁。有些人可能通过吃一顿好的或者去旅游来缓解这些压力。但是有些人如果长期无法得到缓解，消极情绪会越积越多，最后可能会发展成抑郁症。

有一种"抑郁的素质压力模型"，这个模型认为有一部分人更容易受到情绪的困扰，这些人我们通常称之为有"抑郁易感性"。这些人的主要特征就是感到无力，感觉无论做什么都无法改变现状。

无力的反面是掌控

我听到很多年轻人说，虽然他们才刚刚开始自己的人生，但却总是觉得自己未来的职业生涯没有什么希望。这个其实是一种无力感。

无力感的反面，也就是"希望感"。这个希望感，简单来说，就是你觉得未来一定会比现在好，你有能力去实现心中的理想。你看那些充满希望感的人，他们不只是有梦想，他们还有实现梦想的具体计划，有动力去实施这个计划。

我要强调的是，这个希望感和乐观是不一样的。乐观是不管怎样，事情都会变好。你一直在想"一切都会好起来的"，但是这只是一种空洞的期待；乐观的人不见得像有希望感的人一样，能通过自己的努力去争取一个更好的未来，他们只是在那里期待而已。一位心理学教授做了一项研究，他发现那种盲目的乐观其实对身心健康并没什么好处，反倒容易像悲观主义者那样充满了失望的情绪。

而如果你在生活中有以下三种感觉，你就会对各种事情有希望，这三种感觉分别是：依赖感、掌控感、幸存感。

依赖感这个概念是由约翰·鲍比和他的同事在早年间做的大量研究中提出的，依赖感并不是为了满足我们的各种内在需求，而是因为我们都是社会性的生物。

依赖感可以分为精神依赖和物质依赖。比如，你可能会发现自己爱上了某种食物，以致连续吃好几次，或者反复听一首动听的歌曲。这些都是依赖感的表现。当然，依赖感有好有坏，过度依赖会让人失去自我，适度的依赖则会让人感到安全。掌控感也可以被称为赋权感，这是指你觉得自己很有力量，你的能力得到他人的认可。幸存感是与负面事件相关的。一方面，你不会因为遇到困难就陷入困境，从而找到出路；另一方面，即使经历了负面事件，你也能及时调整自己，保持积极的态度。

我认为，拥有这三种感受的人不仅会充满希望，而且会有强大的恢复力，即使遭受了重大打击，也能快速恢复。但现实往往不是这样，我们常常会失去希望感，甚至陷入绝望，这是为什么呢？

通常，我们对于行动的认知和尝试都很有限。以前我们想得少，做得少，现在我们想得多，做得少，这容易让我们觉得自己一直在努力，但看不到希望，逐渐变得失望。这其实是因为我们缺少了掌控感。我们觉得自己的力量被剥夺了，我们无法控制自己的生活和工作，无法朝着自己的目标前进，或者感到自己的人生一片茫然。

此外，我们还需要注意无力感的两个衍生感觉：囚禁感和无助感。我看到很多在职场工作了六七年的人有这种感觉。他们觉得自己就像一个囚犯，每天在家和公司之间穿梭，工作压力大（比如加班、同事之间的不良相处、晚上开会等）。长期这样，他们的内心会感到不安，当他们认识到自己的工作能力有限时，就会开始怀疑自己是否有独立生存的能力，这就造成了"意义感缺失"。

因此，我们可以发现，人生每个阶段的心力不足，都是因为希望感不强，再加上各种外在因素的影响，使得努力却看不到结果。那么，我们如何应对这种无力感，重新找回希望感呢？

阿伦·贝克的认知行为疗法（CBT）指出，虽然你可能无法避免失望，但你可以控制自己对这种感觉的反应。如果你总是认为自己受限、被压迫、陷入无力感，那你可能犯了"过度概括"的认知误区。过度概括是一种自动化的思考过程，指的是由于一次偶然事件而得出一种极端的信念，并将其不适当地应用在不相关的时间或情境中。如果你的父母总是用"你就是不够努力，你这样的成绩对得起我们吗？你怎么做事都做不好？"来总结你的失败，你起初可能会反抗，但随着时间的推移，你的潜意识就会开始否定自己，认为自己确实什么都做不好。

我常常提醒大家要注意自己的想法，因为改变往往从观念开始。首先，你需要进行的是认知重组，这个方法通常涉及识别和标记扭曲的思想，你可以把它理解为"换个角度思考"。在大多数情况下，我们的自发思考是我们完全意识不到的，而现在你知道了这个概念，你需要"意识到这些想法，并审视它们的习惯性"。

首先，找出触发某个想法的自动要素。比如当你驾驶时，前方的司机突然急刹车，你可以将"天哪，这个人会不会开车"替换为"幸好我反应迅速，也许那辆车上有个临产的妻子，他们正在赶往医院"。

其次，无论你生成了什么样的替代想法，你需要做的是让自己拥有更多的选择，这样可以提高你的心理灵活度，同时帮助你摆脱负面思维引发的一系列压力反应。

通过有意识地练习这套方法，你的心力可以提高80%。此外，完全的自我接纳也是提升心力的一部分。世界上的困境大致可以分为两种：一种是可以通过自己的努力来改变的，另一种是无法通过自己的力量改变，只能面对和接受的。对于可以控制的局面，我总是会尽全力去做，没有遗憾，比如不

自醒

浪费每一天的时间。但对于我无法控制的事情，我则选择不去过分纠结，因为无论我多么烦恼，也无法改变事实，倒不如保留精力，等待转机的出现。

我要特别强调的是，和自己和解不是空洞的安慰，它需要你做到以下三个方面：完全接纳自我、掌握内心的力量、培养意志力。

总结一下，假如你不能接受自己的现状，你就会经常陷入纠结之中，外界的任何一点风吹草动都可能引发你的情绪波动。而我们要做的是当你陷入悲观和绝望的情绪时，试着把这些情绪放在一边，理性地分析哪些因素是可以被你控制的。只有自己的心力足够强大，才能够承受生活中的挫折，才能保持那份对未来的期待。

思考时间

◆ 你知道心力的组成吗？

◆ 你是否理解，自己的信念、教育和思维方式可能会扭曲对理想和现实的理解？

◆ 你是否正在努力提高自己的心力，以更好地面对未知的未来？

◆ 你是否理解，抗逆力是什么？

◆ 在应对应激反应时，你是否注意到需要平衡积极反应和消极反应，避免过度思考和负面情绪的出现？

批判性思维：更明智的决策

我们在接触新信息时，通常会凭初步感知形成信念，而不是深入分析。因此需要更深入地了解情况，考虑信息的来源和背景，以及其他可能的因素，才能做出更准确的判断。

───────────

我阅读了一篇由印度医生阿图·葛文德撰写的文章，对我理解事物的方式产生了深远影响，他阐述了一个观点："我们所看到的并非真实世界。"

大脑喜欢从复杂的信息中找出规律，很大程度上在"构建"我们所觉察到的世界，而这个世界大部分内容，来源于记忆，而非我们眼前真实存在的物体。就拿足球世界杯为例，一个已经流传了80年的观念是：在欧洲举办的世界杯通常由欧洲队赢，而在美洲举办的则通常由美洲队赢。然而，2014年的世界杯打破了这一"规律"，尽管比赛在巴西举行，但最终却由德国队获胜。

因此，我们不能过度依赖经验来简化思考，尤其是在公司进行战略决策或投资项目时。如果仅仅基于过去的经验，认为一项资产因为过去一直在涨，未来也会继续涨，那么很可能会犯重大错误。

所以，必须保持警惕，避免对实际情况的误解。你可能对这些观点已经有所了解，但我认为，比这些更重要的是关注你处理信息的方式，因为背后是"信念模型"在主导。

───────

什么是信念模型？

信念模型是在各个领域的发展中逐渐形成的概念。在心理学、社会学和人工智能等领域，这个模型都有着不同的理解和应用方式。心理学和社会学中，这个模型主要被用来预测人的行为。而在人工智能领域，信念模型主要关注知识和决策制定。

一段时间以前，我开始对我的饮食习惯感到担忧。我发现很难抵抗快餐和零食的诱惑，在镜子中看到的肚子越来越大。我开始质疑，如果继续这样的生活方式，健康会不会受到影响？于是，我开始寻找各种有关饮食的信息。通过阅读各种研究报告，我开始相信改变我的饮食习惯能让我更健康，甚至可以帮我预防疾病。

但是，这需要我有坚定的决心，我需要抵抗快餐和零食的诱惑、制订饮食计划、购买健康食材。这个过程中，我得到了很多朋友的建议，他们的话语就像是推动我前行的助力，让我更加坚信改变会带来积极的结果。

同样，人工智能领域，信念模型是关键部分，它可以帮助 AI 系统理解，并预测环境的变化。试想一下：我就像一辆自动驾驶汽车，使用信念模型驾驶在变幻莫测的道路上。开车时，信念模型像我的指南针，帮助我理解和预测路况的变化。每当路上的交通信号灯变为红色时，我明白这是我要停下来的信号，要更新我的信念；当灯变回绿色时，我的信念模型又告诉我，可以开始行驶了。

不仅如此，我还得根据信念模型，预测其他道路用户的行为。如果我看见一位行人在路边准备过马路，就会预测他可能会走出来，于是减慢速度。我注意到一辆车准备切入我前方的车道，就会预测他可能会降低速度，所以我也得跟着减速。作为一辆自动驾驶汽车，我借助信念模型在复杂的环境中进行决策，预测并适应环境的变化，同时预测其他车辆和行人的行为；根据这些信念，我能做出下一步的行动决定——如何调整我的速度、何时应该停车或者是否需要切换车道。

我们通过两个生活案例，看到信念模型是如何帮助我进行决策和行动的。它也揭示了人们是如何通过信念来指导行为的。

此外，荷兰哲学家巴鲁赫·斯宾诺莎有个观察发现，我们在接触新信息时，通常会凭初步感知形成信念，而不是深入分析。也就是默认情况下，我们会视收到的信息为真实。即便后来这些信息，被证明为错误或虚假，我们最初的信念可能仍然坚定不移。

例如听到一则新闻时，我们往往会自动地认为它是真实的，即使最后可能证明并非如此。我们可能没有足够的时间和资源去深度分析这条新闻，所以做决策时，会习惯性地判断真假。

当面对新信息，尤其是在紧急情况下，我们的反应通常是先接受，然后相信这些信息。我们往往没有时间冷静地权衡证据去验证所接收的信息，如果我自动接受了一项完整的说法，并且后续没有机会去深入研究，我可能就会真的相信它，从而面临被误导的风险。

因此，大脑视觉感知相对简单，只需要看到就能信任，而对于听到的信息，我们会理解并评估，再判断真假，但这个过程相对复杂。大部分人喜欢"先入为主"相信一件事，后来却发现，事实不是这样。

很多地方存在这些错误的观念，数量惊人，不仅误导公众，还会污染舆论之井，导致虚假的言论在社会中广泛传播。例如，我们可能会在聊天中听到一些医学建议，比如每天喝10杯水对健康有好处。然而，这样的建议可能并没有充分的科学依据支持；或者，有时候有人可能会给公司的高管发送一封虚假的邮件，在商务聚会上传播一些不适当的笑话，而不会透露信息的真实来源。

随着信息的传播，寻找其真实来源变得越来越困难，人们甚至可能并不关心它们的真实性。当信息以各种方式传播时，它可能会带上更多的信息，包括偏见和不可靠的部分，这些都可能导致最终人们对信息的理解出现偏差。

如果一条信息来自某个特定的意识形态领域，我们不能仅仅因为信息的传播者有某种特定的偏见就完全否定他们。换言之，我们不能轻易地认为某个人传播信息只是因为他们有某种特定的偏见。我们需要更深入地了解情况，考虑信息的来源和背景，以及其他可能的因素，才能做出更准确的判断。

在社交媒体上，有些人喜欢发布各种视频和照片，展示他们的豪华旅行、名牌购买和奢侈品收藏。虽然这些展示可能是虚构的，甚至可能是与商家合作的行为，但很多人还是会被这些外在的视觉信息影响，误以为这些人的生活真的如此奢华。他们可能会受到这些表面信息的影响，形成一种错误的观念，认为这些虚构的展示是真实的。这再次说明了我们在接收和处理信息时需要谨慎，防止被误导。

而另一种情况，假设某地发生一场大地震，导致电力和通信中断。这种紧急情况下，人们可能会陷入困境，无法联系到家人和朋友，也无法获得及时的救援和资源。然而，这时候却可能有一些人开始传播关于地震期间的不实信息。他们可能会声称有救援队伍出现，或者说某个地区的居民全都已经逃离。这些不真实的言论可能会引起其他人的恐慌和混乱，导致更大的困难和紧张局势。

不过，还有一些人提倡"不信谣，不传谣"的观点，这当然是一种积极的态度。可我发现，这些人更容易陷入一种与自动信念模型相悖的思维模式，即GOSH效应（Gilbert-On-Spinoza Hypothesis）。面对各类新闻、经验等信息时，他们都有一套自己的逻辑，更愿意接受与已有信念相符的信息，并自动忽视与信念相悖的信息，不愿意接受相反的证据、观点。

最常见情况是开会时，当谈到一个项目决策，其他人支持另一个方案，不信任你提出的观点，你会感受到压力和不适，会思考是否坚持自己的观点，还是为了避免冲突，寻求团队认同而放弃想法。这种内心的挣扎和犹豫，正是GOSH效应的体现。从反面来讲，如果你是一名管理者，比较权威，那也可能因"光环效应"默认你是对的，最终忽略一部分事实。

此外，当人们在做决策时，往往会过于重视货币的面值，而忽视其他更重要的因素。假设人们在通货膨胀率为7%，每月工资增加1000美元与通货膨胀率为1%，每月增加50美元中选择，大多数人可能会选择前面的选项。经济学中把这叫作"货币错觉"；这样的选择实际上并不明智，因为实际工资的增长只有3%，而不是7%；相比之下，后者实际工资增长了4%。也就是说，人们往往只关注加薪的数额，而忽视掉通货膨胀等背后的因素，毕竟，大部分人认为，工资高比什么都重要，其实，"钱值不值钱"，与通货膨胀有直接关系。

大脑如何处理信息？

斯宾诺莎"自动信念模型"和"GOSH效应"的不同在于，前者强调个体在对外界信息进行初步感知后，自动形成信念，不需要深入分析；后者侧重于根据已有信息选择相信与自身信念相符的，以及对与之相悖的信息持怀疑态度。理解这些，你就明白大脑如何处理信息，以及有些人为什么会如此固执地坚守自己的想法。

那么，这些偏见，到底是怎么来的？有人可能认为是别人的影响、好奇心等等。但用媒介观察者视角来看，这些只是表面现象；深层次来说，是一种"真相饥渴"。当我们的情感和个人信念开始比客观事实更能够影响公众舆论时，真相就变得稀有起来。在社会上涉及公共利益的事件中，真相稀缺的现象有很多原因。

比如权威机构的调查结果，需要经过严格的验证和确认，而这需要一段时间。很多复杂的问题并不存在简单的二分法答案，事实往往隐藏在表面之下。但当我们讨论社会问题时，我们的正义感会被激发，我们更相信那些能够代表公正和道德的事实。

从个人的情感角度来看，回顾那些曾经在社交媒体上引发热议的话题，我们对真相的迫切渴望并非没有原因。许多研究极端案例传播后果的学者都提到，事件本身对公众心理造成了伤害，比如引发恐慌、导致不信任或是对事实的敏感度加剧，而真相的信息量与我们的想象力成正比。换句话说，如果我们无法获得充分或及时的客观事实，那么，我们可能就会自己创造并传播主观的事实。然而，从概率上来看，我们的想象力并不总能推动真相的揭示，反而更可能引起混淆。

但我们应该正视这种"真相饥渴"，特别是在大家关注的热点问题中。首先，要让人们能更快地获得真实信息；其次，要创建一个不制造谣言、不传播谣言，并能有效辟谣的舆论环境；最后，需要理性看待自己的想象力，并引导网友在想象过程中产生更多真正有价值的信息。

不过，这些想法可能并不能改变什么，毕竟网络是一个"社会大染缸"，很难做到统一。因此，时刻保持质疑的能力，就显得格外重要。

如何保持随时思辨？

让我们一起思考，什么情况下，我们会拒绝本来会接受的信息？我在工作沟通中，有时会发现他人对我的观点持有抵触或疑虑的态度。这种情况，很可能是我先前对此人存在的偏见，或者我在不自觉中的预设立场所导致的。

面对这样的情境，我会时刻警觉自己的心态，尽量消除我对他人的预设观念，避免影响我的判断和行为。我要求自己保持客观和开放的态度；同时，我也意识到他人可能也在面临相同的情况，我们需要通过诚意满满的交流，以及理性的讨论，来降低防备和疑虑。

我曾经阅读过一篇研究文章，讨论了人们在观看广告时是如何受情绪影响的。设想一下，你正在观看一则新款手机的广告，它详细地介绍了手机的各种功能和特点。通常，观众会对广告中的内容产生相应的情绪反应，例如兴奋、好奇或满意。

　　如果广告展示了手机灵敏的反应速度，观众可能会感到兴奋和激动；如果广告突出了手机高像素的摄像头，观众可能会感到好奇和期待。此外，观众的表情和身体语言也会随着广告内容的展示而发生变化。如果广告展示了一项让人惊喜的功能，如快速充电，观众可能会眉头紧锁、身体微微前倾，表现出好奇和惊奇的情绪；如果广告展示了手机的长续航能力，观众可能会松一口气，稍微放松下来，显示出满意和安心的情绪。在广告播放结束后，观众会对自己的情绪和感觉进行评估。研究发现，观众的情绪感受通常与他们的表情和身体语言保持一致。

　　然而，也有一些例外。比如，如果广告中出现了你不太喜欢的品牌代言人，你可能会有意调整自己的情绪和感受，尽量不去关注品牌代言人，而是专注于手机本身的特点和性能。

　　这与研究结果相一致，即观众在理解产品信息之前，通常会先产生情绪反应。只有在拥有足够的认知资源和动机后，他们才会进一步去思考和判断产品信息。

　　这能说明什么？以我自己为例，只有当我拥有足够的认知资源和动机时，我才会开始对事物进行质疑。如果我对某个问题不感兴趣，我可能就不会深入地去思考或质疑它。然而，如果我想要促使自己开始质疑某个观点或理论，我就需要营造一个能够激发我的认知能力和动机的环境。这可能包括提供相关的信息，引发我的思考和讨论，以及强调问题的重要性和影响；只有在这样的环境中，我才可能主动去思考、质疑并探索更深层次的问题。

　　那么，我们应该如何进行质疑呢？我认为可以分为三个步骤：首先，创造一个能激发认知资源和动机的环境；其次，挑战默认的信念，保持客观和开放的态度；最后，通过善意的交流和理性的辩论来进一步探索问题。

总而言之，人们很难保持理性，更多偏向于融入群体。在群体中，信息会导致人们"先入为主"，不管对错地去相信一件事，这会形成自动信念模型；自动信念模型，可能导致GOSH效应出现。时刻"保持质疑"，说白了，就是在"培养思辨"与"和而不同"的能力。

思考时间

◆ 接收新信息时，你是否保持了足够的警惕，以避免对实际情况的误解？

◆ 当你默认收到的信息为真实，即使后来这些信息被证明为错误或虚假时，我们最初的信念是否仍然坚定不移？

◆ 你是否通过信念来指导行为？信念模型是否真的帮助你进行决策和行动？

◆ 接收的信息中，是否可能携带更多的信息，包括偏见和不可靠的部分？这些可能导致你对信息的理解出现偏差吗？

◆ 当面对新信息时，你的反应是否通常是先接收，然后相信这些信息？你是否通常没有时间冷静地权衡证据并去验证所接收的信息的真假？

第三章

专注内心的渴望

北极星指标：专注内心的渴望

北极星指标代表核心价值，迷茫不知所措时，可以引导你朝着某个方向迈进；从内心深处产生的动力和兴趣，才有可能推动更大的成就出现。

———————————

大家似乎都一样。经历不够，不知道想要什么；一旦经历够了，选项已经不多。前几天我看了一个关于戈尔迪国王的童话故事，很有哲理。他有一辆牛车，车上有个难以解开的结，放在宙斯神庙里。他说，如果你们谁能解开这个结，那个人，就能成为主宰。听起来很简单，对吧？一大堆聪明人都试过，没解开。有一天，亚历山大大帝要去征服波斯，路过时，有人带他来看这个结。他拔出剑，"砰"的一声，把结劈开了。这个故事，很像人生中一个棘手的问题"我到底想要什么？"，都知道它很重要，却不知道怎么做才能搞清楚。

电影《后会无期》中有句很经典的话，"听过很多道理，却依然过不好这一生"，有人说是想得太多了，你得执行。话虽如此，但是，问题的关键不在于短期行动，而是我要做什么，人生的北极星指标是什么？是告诉你，这样做，才能和想要的未来相挂钩。

什么是北极星指标？

可以理解为"灯塔"，也叫唯一且关键的第一指标。意思是，迷茫不知所措时，可以指引你朝着某个方向迈进。很多人把它理解成目标，这是不对的。北极星指标代表核心价值，目标是为了实现第一指标而设定的可衡量、具体、短期或中期的策略。

举个例子，我最近几个月一直在健身。"身体健康"是我的北极星指标，它指明了我长远的方向。它像一个大战略，体现了我最看重的东西、想实现的愿望。那些"每周去健身房四次"或者"每周跑步三次"的小目标，就像我为了得到北极星指标而制订的具体行动计划、小战术。二者相辅相成，北极星指标指明方向，小目标提供具体方法。可是，问题在于，我们在寻找个人指标时，往往会遇到这三种困难。

第一，单一指标维度偏差。

就像公司无法将客户体验和忠诚度压缩成一个数字一样，我们的生活和目标也不能简化成一个指标。以前我为了健身，把"减肥10斤"设置成北极星指标，每天只吃早晨、晚上两顿饭，饿了啃黄瓜，禁糖类。后来发现，禁糖导致多巴胺降低，其他蛋白又跟不上，一周后，我开始不快乐起来。

为什么不能依赖单一指标？这可能会令你走向极端，反而对健康造成伤害；放在人生规划也是一样，你想两年成为某个管理角色，如果一直思考这件事，可能会造成某些技能出现偏差。

第二，缺乏多元化视角。

于生活、工作而言，我们不仅有个人视角，还有来自家人、朋友、同事的视角。将这些指标纳入考虑，从更多角度理解面对的问题，是很难的一件事。

假设，北极星指标是30岁时自己拥有一套房子。然而，伴侣可能更关注婚姻质量，父母可能希望有稳定工作，你可能还需要关注身心健康，以免过度的压力影响到生活质量等。各种视角不能多元化掌握，会造成"决策后悔"，但是有时视角太多，会让自己增加顾虑。

第三，缺乏有效的多源信息。

假设，北极星指标是想成为一名作家。这个过程中，我可能通过写作课程、自媒体平台来提高写作技巧，获得反馈。但如果我忽略了现实生活中的体验，比如亲身经历的事情、阅读书籍，甚至参加行业内的研讨会，那可能错过一些无法通过线上渠道获得的灵感。

真实世界的体验和交互，可以为写作提供丰富素材和深度，也有助于我理解读者的需求和喜好。如果只是依赖单一渠道，可能会让视角过于狭窄、偏理论化，缺乏广度和深度。

寻找到你的北极星指标并不困难，你随时都可以勾勒出理想生活的蓝图。然而，要将这些理想化为现实，单凭意愿与行动并不足够。甚至有时所追求的蓝图，随着时间的推移可能不再是你所向往的，因为人的渴望和目标有可能随着时间而改变。

所以，哪里出了问题？后来我发现，弄清楚想要什么的过程，是了解自己的过程；不清楚自己想要什么，本质是还没有足够了解自己。印度作家吉杜·克里希那穆提说过一段话：无知的人，并不是没有学问，而是不了解自己的人。了解是由自我认识而来，而自我认识，乃是一个人整合心理的过程。这也是教育的真正意义，因此，很多人寻找北极星指标的第一步，就搞错了。

你不缺目标，缺少对自己的了解。大家好像都不太愿意花时间了解自己，大部分人对自己的了解，多是几次性格、心理测试。没有人把自己当成一个研究对象，也很少有人会通过心理学角度去分析和反思自己的行为、经历。

还有一些人试图通过性格、心理测试了解自己，得到的结果往往是对某个阶段的评述，并非全部。要知道，人的思维、情绪、性格气质，都会随着成长、周边环境的变化而变化，属于动态范围。我去年一直对剪辑视频感兴趣，但总遇到问题，过了一段时间，就对它失去了兴趣。

所以，我们不能把对自己的了解，停留在一个简单、固定、简化的状态中，对自我的认识应该随着时间推移不断更新和发展。

另外，每个阶段也是不同的。我从小就有选择恐惧，上大学时不知道想考什么专业，选择专业后，又觉得不是自己想要的，对未来的路总感觉很迷茫，我连阶段思考都捋不清，更别说人生整体的宏观认识。

身边也有人会说，自己早已思考过未来的规划，其实，我当年也是这样。但现在回头看，那时的思考，只能算是带有反思味道的总结，和对未来的一些憧憬罢了。

不过，这些经历让我对自身的性格类型、心理弱点、优劣势有了更深入的理解，也使我对在不同人生阶段可能遇到的问题有了预见。正因为这样，我感到自己比过去更加理性了。

的确，这个过程使人非常疲累，就像剥茧抽丝。然而，很多心理需求隐藏在行为之下，我们必须经历这个过程。你可能觉得这样做太麻烦。不过，我想说的是，如果真的想从根本上解决问题，寻找关于自己的真相，那么，不能把"搞清楚自己想要什么"的过程简化。试想下，为了搞清楚自己想要什么，你在一次次关键抉择时，挣扎了多久？所以，如果真的想明白自己是谁，那就从根本上解决问题；掌握一定心理学后，你需要做的下一步，就是成为"双独立"的人。

什么是双独立？就是经济独立和思想独立。两者相辅相成，缺一不可。很多有工作经验的人，经济上已经独立，但还会陷入长期迷茫。同样，有些人很有思想，工作两年后就开始创业、做喜欢的事，折腾几年后经济可能都无法独立，两种情况，都会给人在弄清楚"究竟想要什么"的过程中带来障碍。

经济独立很常见，真正有挑战的是思想，大家都在相似的教育背景下成长，价值观、思维模式、看待事情的方法，基本被某种模式影响。所以，为了避免盲从，你可以储备多元的思维模型。在解决问题时，多提出几个为什么。一个人想要什么，追求什么，不能仅靠别人告知或效仿别人，而是在探索中得到的。做到上述两点，离找到北极星指标就不远了。这是重要的第二步。

第三步则是寻找价值观。大家普遍认为，过上自己想要的生活，就需要找出生活的指引和行为模式，专注于重要的事物，放弃不重要的。在我看来，明确自己讨厌什么，比专注于重要的事物更为关键。

讨厌什么，不仅包括日常行为、生活习惯，也包括价值观层面的东西。比如，你可能讨厌拜金、谄媚、势利、不择手段。这种讨厌是内心真正厌恶的，不是嘴上说说。弄清楚这些，能够深挖出内心认可的价值观，行为和需要就会很快浮现出来。

比如再也无法忍受古板的工作环境，觉得自己像被包裹在茧房中，无法逃脱；或者，无法忍受一成不变的生活，不能和别人一样碌碌无为。你不需要刻意挖掘此类情况，日常中，多注意内心反射，把那种极为厌烦且频繁出现的事记下来即可。

这个方法的难点在于，对于一直在随波逐流，长时间没有自己主张的人来说，可能会觉得很难有勇气去改变，甚至都不敢表达他们对现状的不满。所以，这只是一个捷径，并不适合所有人。

值得注意的是，一些讨厌的事也可能令你成长。比如你可能不擅长演讲，对此感到讨厌，因为这会暴露弱点，让你感到不安全。然而，面对并适应这些弱点，恰恰是进步的阶梯。一旦过滤掉讨厌的事物，剩下的就是真正的选择，也就形成了我们的价值观。这些价值观能够帮助我们增加实现目标的可能性。

确定价值观有什么好处？

第一，激励你做需要的事。埃隆·马斯克的母亲梅耶·马斯克是一名模特。我们知道，模特行业通常以青春为资本，但她67岁时却登上了纽约时装周的舞台。当时她面临的最大挑战是，与三分之一的年轻人一同走秀，她能完成这次任务，正是因为价值观。她坚信，"女性不应因为年龄的增长而放慢前进的步伐"。她从不畏惧衰老，甚至觉得脸上的皱纹是一种有趣的体验。

所以，面临挑战，迎难而上还是逃避，往往取决于价值观。

第二，成为一种隐形导航。很多公司招聘时，首先考察应聘者的价值观，原因在于价值观就像是火车的轨道，只要你目标与价值观相一致，终将到达目的地。如果目标与价值观不符，你就可能背道而驰。比如，你设定了一个目标，想在三年之内成为公司高管；但你的价值观认为家庭更重要，那么，这个目标实现的可能性几乎为零，因为这与你的价值观存在冲突。

因此，通过识别你所讨厌的事物，你能得出正向的价值观。这些价值观，恰好是找到北极星指标最重要的因素之一。

第四步，你需要进行过滤，基于兴趣爱好、已取得的成绩、拥有的特长寻找你真正想要的。

我有个朋友，全职工作是一名金融分析师。平时总忙忙碌碌，到处参加会议，写报告，但她有一个特别的爱好：编程。只要有空，就会去网上的编程社区，研究各种知识。她告诉我，她的梦想是有一天能拥有一家科技创业公司。我觉得，我们每个人展示出来的才华，取得的成就，都是个人选择的体现。

比如，你是个很棒的项目经理，那说明你的团队协作和领导能力肯定出色。如果，你在这个行业里工作了很长时间，你肯定对工作充满热情，对行业充满信心。

真正想追求的东西，往往隐藏在兴趣、成就、特长里面。很多人最后发现，他们最喜欢的，就是一直都在做的，一直都对它有热情的。这种情况的发生，是因为，我们总习惯从别人身上，从新事物、流行趋势里找未来的方向，却经常忽略了自己已经展现出来的才华和特性。

通过重新审视以前的选择，能更清楚地知道，我的选择路径有什么规律？我的方向在哪儿？下一步可能去哪儿？从毕业、选择工作、谈对象、跳槽、分手，到结婚、买房，你好好回忆下？哪个是自己决定的。如果这些选择都是自己做的，那我肯定，你是一个独立的人。但现实情况并非如此，很多年轻人，没有太多自主权和思考，经常在很草率的情况下做出选择。因此，他们会对过去的决定感到后悔，比如选错专业、结婚等。有些东西可以补救，有些则不能。那些能够补救的，恰巧是一个了解真正想要什么的突破口。

比如，有些人进入公司后才发现，自己并不喜欢这个行业，于是在工作之余探索其他领域的知识。这种行为常常会揭示内心真正热爱的事物。回到当下，你也可以想想做哪些事，可以让你很高兴、很快乐。

我一个朋友家的孩子非常喜欢音乐，家里有关音乐理论、乐器演奏的书籍一大堆；他现在高一，前几天我问他未来有什么计划，他告诉我想成为一名歌手。我问他为什么？他说比较热爱，觉得这个行业很快乐，尽管现在他可能还完全不了解行业的复杂性，但我发现，他已经在关注音乐市场的动态了。我不确定未来如何，但当他给我讲起华纳音乐、索尼音乐、环球唱片等巨头时，他眼中的那种热情，让我深感欣喜。

孩子的案例，可能已经不适合你的年龄。你也不要担心，如果实在不知道未来想要什么，可以尝试一段时间和现在不同的生活方式。注意，重点是改变你目前的不良生活方式。例如，如果你习惯于吃快餐，那么，尝试一段时间做饭；你习惯于闲暇时间刷手机，试试放下它，选择阅读一本书。这个方法的理念在于，通过培养和强化自我管控能力，来打破生活的固有模式，减少、消除不良习惯对行为的影响。这种尝试，可以让你通过不同的生活体验，逐步明确自己的目标。

该方法对个人自控力要求较高，在必要时，你可以邀请朋友协助你。总之，了解自己；成为双独立的人；思考自己讨厌什么；基于兴趣、特长、成就来挖掘内在需求，这四步方法，是寻找北极星指标最有效的方法；也正是

自醒

心理学中的内在动机理论。

你的目标是发现你的热爱，然后全身心投入其中。找出喜欢的事，用一生去投入，挖掘内心深处产生的动力和兴趣，才更有可能实现更大的成就。

思考时间

◆ 你有自己的北极星指标吗？是否寻找多个角度的指标，而不是依赖单一指标？

◆ 你是否基于指标持续地优化自己？

◆ 针对指标，你是否制订一些大致计划？

◆ 你是否持续更新和发展对自己的认识，例如性格类型、优劣势等？

◆ 你是否意识到对于人生不同阶段的思考，需要根据具体情况进行调整和更新？

成事的关键：与目标匹配的思维方式

行动力是思想的映射。不管你采用何种形式，平衡结果带来的利弊关系，最能鞭策你前行，也是你的渴望。

身边有些朋友，经常想很多事情，却一直拖着不动手。你问他，为什么不行动？他告诉你：还没准备好，万一行动后，搞砸怎么办？要么，他也去行动，可总三分热度，等几天再问他：那件事咋样了？他却告诉你，不行，好多人都在做，市场没机会了，就放弃了。为什么会这样？不是他们不愿意行动，而是思维方式带来了"行动阻力"。

在心理学中，这是一种"防御型思维"，尽管计划是你设定的，但是，为履行某些责任，避免错误，会因为害怕而停滞不前，此类案例比比皆是。深刻了解自己的思维方式，是调整行动最重要的一步。那么，这种思维是怎么形成的呢？

大多数人的思维模式，童年时期已经形成。尤其是父母的行为和态度，往往对我们产生深远影响。例如有些父母采取防御型的育儿方式。记得，我小时候每次犯错，他们就会对我进行惩罚，只有行为端正，惩罚才会停止。那时，我领悟到一个道理——"不哭不闹，只要按照父母的规则行事，生活就能安稳，无须面对麻烦"。

长大后我发现，当试图做一件新事情，父母会用所谓的"经验之谈"来阻止我，告诉我不能这样做，这样做会失败。实际上，他们也没有尝试过，只是看到别人行动后，没有得到满意的结果，然而，他们的一句话可能对我的决策产生巨大影响。因此，我形成了一种避免损失的方式，就是预防不良后果的发生。随着时间推移，现在我处理事情，依然会习惯性地从"安全"的角度出发。

除了这些以外，内向的人可能更偏向于防御型思维，但这并非必然。我发现团队中，特别是设计、运营岗，一些个性内向、喜欢保持安静的女性同事，她们在工作中往往试图避免过多社交互动，通常更喜欢宁静、舒适且独立的工作环境，决策时，更注重细节。这种倾向促使着她们深思熟虑，全面考虑可能产生的后果，包括潜在的负面影响。然而，重要的一点是，内向并不等同过于社恐、过于谨慎。许多内向的人，能够有效地管理风险，并且具备做出积极决策的能力，他们只是在处理事情上，更为细致和慎重罢了。

但是，防御型思维的人，很容易陷入悲观。他们需要应对工作中的各种要求和别人的期望，因此经常担心不能达到标准，可能引发的问题让他们疲于应对；这样的情况下，大部分精力都投入预防不良结果上，往往无暇深思自己真正热爱什么。这样的思维模式，在心中逐渐形成一个恶性循环：遇到困难时，就会开始怀疑自己，逐渐相信自己无法成功。这种消极的信念会削弱动力，使他们在面临新的挑战时更易选择放弃，一旦放弃，失败就变成了必然。

因此，他们可能会转而选择一个新的目标，但当再次遇到困难时，又很可能会选择放弃。这就是，为什么防御型思维的人，在没有外界压力的情况下，往往难以坚持完成一项自我设定且充满挑战的任务。

话说回来，也未必全是坏事。当我不得不执行某些任务，或进行更细致的工作时，防御型目标思维反倒能帮我一把。这种悲观的倾向会激发我的努力，因为我对失败感到焦虑。以我之前的主持经验为例，每次登台对我都至关重要。为确保一切尽善尽美，我会投入大量时间准备。我会在演出前一天，查明串词中嘉宾名字，以及可能出现的多音字，防止在演出中出现口误。这种对细节的关注，使我相较于那些总是持乐观态度的人能够做得更出色。而且，由于做足准备，可能出现的问题，也能立刻应对。这使我更容易赢得他人的信任，他们觉得我做事靠谱，更愿意将有挑战性的任务交给我。

这就展现了，防御型思维在某些情况下的优势，但是也需要注意保持平衡，避免过度防御。总是抱着怕出错的心态，可能会让人过于紧张，从而忽视其他更重要的事情。

进取型思维

任何事情都存在多面性，与"防御型思维"相对应的是进取型思维。"进取"一词，顾名思义，描述那些关注理想与期望成果，主动追求积极结果，期盼成功带来自豪感的人。

具有进取型思维的人，倾向于重视希望和愿景，寻求新机会，更加关注可能的收益，而非损失；当面对挑战和问题时，也能展现出更大的乐观态度，尝试新的可能性，坚持自己有能力克服困难。

以职业发展为例：一些人会设定一个具有挑战性的目标，如晋升到某个高级职位、创立自己的公司等，为了实现目标，他们学习新技能，寻找机会，面对困难时，展现出更强的毅力和信心。这种状态似乎更健康。不过，也可能有其他的问题，例如，过度进取导致忽视风险、盲目自信，对困难和挑战准备不足。

市场销售人员中，此类特质的人比较多，他们嘴上说着"没问题、这事好办"，真正行动后才发现，夸大效果占比较大，但他们并不觉得有什么损失，反而认为"我有勇气迈出且进行了尝试"，就是一种获得。

所以能看出什么？两种思维产生的结果完全不同，犹如两种生活方式。

如果你是那种喜欢向前冲的人，会把生活正能量，例如快乐、成就感、地位、爱心等放在第一位。如果你是那种更加保护自己的人，会尽可能避免所有不好的事情。而且，这两种无意识的思维，会决定行动后的感受。如果你是进取型，当完成计划时你会感到欣喜若狂，兴奋不已；如果没有达成目标，你可能会感到心情郁闷、沮丧。如果你是防御型，成功时会感到松一口气，而不是兴奋。要是没有达成，你的神经会更加紧绷。

每个人都有这两种思维，且总有一种在主导着你的行为，这与你如何看待事情的结果有巨大关系；有些人看问题是"我能获得什么"，另一些则先考虑"我可能失去什么"。不过，这些情况视具体问题而切换。

比如一个人正在决定是否投资基金市场，他的目标是为未来的退休生活储备一笔钱。开始投资阶段，他可能被防御型思维所主导，考虑"我可能会失去什么"。他想到"市场的不确定性，资金会遭遇损失"，甚至可能会因此而面临经济压力，这些担忧会令他犹豫不决，甚至选择不投资。

然而，进一步了解某个市场，理解价值投资策略和风险管理后，他可能会开始转向进取型思维，开始看到定投带来的收益，这能帮助他实现退休后的财务目标。这个阶段，他的思维可能会变成"我能获得什么"。所以，一开始是防御型，考虑损失，但在更深入地了解问题后，会转变成进取型，看到收益，然后决定开始投资。

或者你是一名创新业务团队负责人，团队一直以创新和冒险尝试新技术而自豪，在设计新产品时，通常采用进取型，始终追求市场最先进、最具创新的产品。可是，某次发布会后，你们的产品出现严重质量问题，导致大量退货、投诉。这影响了品牌声誉和客户满意度，因此，你不得不停下来思考团队工作方式。

这种情况下，你可能会转向防御型思维。你开始关注如何避免再次出现类似质量问题，而不是思考如何创作最新的产品。你会更加重视产品质量，甚至可能延缓新品发布日期，以确保下次质量达到预期标准，这种防御型思维，会给你带来焦虑，让你更加注重损失。

所以，到底是防御还是进取？不过是人们衡量事物利弊后做出的决策而已。不过，大脑遇到问题，所出现的第一个思维值得关注，毕竟它在悄悄主导你的决策。

四个角度审视

了解思维方式，主要依赖于对自我行为、决策的观察和反思，可以从四个角度进行审视：你对风险的态度、对损失收益的看法、有压力时的反应、你如何面对失败。

可以通过以下问题进行思考：我是否对风险心存敬畏，更倾向于寻找稳定且可预测的选择，以避免可能的负面结果？还是愿意追求最大的回报，即使可能面临较大的风险，也愿意尝试？

做决策，如果首先考虑可能失去的东西，比如在职业生涯中做出改变，把可能失去稳定收入和可能破坏的人际关系排在前面，那么，你的态度无疑是防御型的。反过来，你首先关注获得的收益，如新机会、更高的收入、更大的自由度，那么你可能具有进取型的思维。当然对风险的态度和对收益与损失的看法，只反映了你对某件事的看法，并不意味着，你的思维方式就固定成这样，还需要看动机和结果的管理。

当你面对一项工作、一个重要项目，如果一开始就感到焦虑、害怕出错，那说明你在这件事上是防御型。我面对有截止日期的重要项目时，就有这种感觉。但如果你听到截止日期反而感到兴奋，像是被点燃一样，那么你可能具有进取型的思维。

对压力的第一反应，间接映射你对某件事的掌握程度。我发现，防御型的人熟练掌握一项技能后，会更注重细节，追求完美。而进取型的人如果反复做一样的事，可能会感到厌烦，这种厌烦，有时会让他们高估自己的能力。最后，用"全景思考法"思考下，你是先看到失败一面，还是获得一面呢？进取型思维的人，更可能会从失败中找出成长的机会，防御型思维的人则更不想迈出第一步。

这4个条件并非单独存在，下次遇到事情你可以用它们进行打分，如果有3个是正向，那代表你是进取型，反之，则是防御型。

如何平衡二者

两种思维并无绝对优劣之说。关键在于，它们能否与目标相适应，助力我们高效行动。那么，问题来了，该如何进行平衡呢？这三点兴许对你有帮助。

第一，设置一些行动信条。

简单讲，行动信条就是一些简短精练的话，不带任何结果导向，它能辅助你对事情有新的看法。

例如防御型思维比较强的人，可以把以下思想当作信条，成长源自挑战、失误是学习的一部分；冒险带来回报，专注于未来，而非过去；我有能力影响我的生活，遇到困难，我选择寻找解决方案，我选择在乐观和信心中行动等。这些内容能够进行自我暗示，把你从对风险和挑战的焦虑中拉出来，让你看到更多可能性和机会，从而让你慢慢进化成进取型思维。

对于进取型思维的人，需要一些关于细节、挑战方面的信条。例如：规划是成功的一半，我要关注每一步；我向过去学习，向未来前进；慎重决策，坚持执行；我尊重风险，并做好应对等。这些内容能让你在追求目标、计划时，更关注过程中的细节，以防止自大带来的失败。

第二，哈德逊湾式启动做事。

做计划只是微不足道的开始，计划是要短期和长期结合的，先制订一个短期计划，做完，根据实际环境，对下一个短期计划进行调整，让它变得更合理，循环往复，才能填满整个长期计划。

这在项目管理中，被称作"哈德逊湾式启动"。此概念，最早来源于17世纪加拿大东北部的哈德逊湾公司，这家公司配备了运送皮毛的商船。每次远航，他们都会在距离哈德逊湾几英里的地方先临时停留段时间。由于离海湾并不远，商船可以确保他们在进入茫茫大海之前不会忘记任何工具和给养。

所以，其本意是一边工作，一遍创业的策略。你想想看，现实中，不管你是防御型思维，还是进取型思维，大多数情况下，我们遇到项目都不可能完全掌握全部信息。当你无法完全预判整个流程难点、关键在哪里，这种情况下很容易放弃；为减少意外发生怎么办呢？我也经常在启动前权衡，我能不能做，值不值得做？如果能做，就先迈出一步，试探一下，发现问题，解决后，再进行筹划。

如此一来，才能形成一种良性循环。不仅避免沉溺思考、观察，还能基于已有经验找到适用的方法。

第三，构建正向循环。

现实世界千姿百态，说到各自秉持的人生哲学，一般有三种：功利主义者、享乐主义者、按照内心原则行事主义者。

功利主义者占大多数，以追求个人利益为最大化目标，尽可能让自己获利；享乐主义没有功利主义会衡量，会规划，只会活在自认为快乐且重要的事中。按照内心行事的人，一般原则是"不做阿谀奉承之事"，原则大于一切。这三者并没有对错、好坏之分。不过据我观察，想让这三类人变得更积极，更有激情，很关键的一点是"构建一个正向循环"，让自己不断感受到正反馈。

所以，你不妨试着看看你是哪一类，然后，试着每天利用更多的时间，做一些与之匹配且有正反馈的事。觉得自己"功利"，就研究"与赚钱有关的技能、商业信息"；觉得自己"享乐"，平时就挖掘一些兴趣，种种花草；喜欢"原则行事"，平时就多参与一些有担当的活动。

这些行动的细节中，都能让你在平凡的生活中汲取能量，下次面对挑战时，这些能量就会成为有力的后备。

总的来说，行动力是思想的映射。不管你采用何种形式，平衡结果带来的利弊关系，最能鞭策你前行，也是你的渴望。当一件事突然变得有意义，其他都已不重要。

思考时间

◆ 你是否了解自己的思维方式，防御型还是进取型？

◆ 你喜欢做好准备再行动，还是坚守鲁莽定律？

◆ 以后你打算如何利用两种思维方式应对自己的行为？

◆ 有想过改变吗？如何改变，下一步从哪里开始？

奋斗的过程：把自己与事情融为一体

目标的确很重要，但过程更关键，关注过程可以持续积累知识和建立全方位的自我认识体系，当各维度积累达到一定程度时，目标自然达到。

朋友一直想在短视频领域取得突破。为此投入大量精力，学习剪辑和拍摄技巧，并购买专业设备，将家里布置成工作室。此外，他还设定了，每周要拍摄几个短视频的目标。

然而，追求目标的过程中，他面临许多挑战。例如，他拍摄大量素材，剪辑时却发现其中很多都用不上。虽然把脚本写完、拍摄好，但在剪辑时发现脚本还有改进的空间；最终，发布到平台上的短视频浏览量却很低，投入产出比例不成正比。这些挫败感让他感到沮丧、失望，觉得离"总目标"越来越远。相信你也遇到过类似的情况，我们到底应该将注意力集中在追求目标，还是放在过程上？

这个问题看似简单，却常常让人陷入深思。有时，可能过于追求结果，而忽视过程价值；有时，可能过于专注过程，对最终目标模糊不清。那么，到底应该关注目标还是过程？或者说，目标与过程之间是否存在着一个平衡点呢？我认为，有必要重新审视两者的区别。

自醒

过程与目标

什么是过程？大部分人会把一系列事情、步骤、操作或者在一段时间内的变化，按照特定顺序发生的活动，称为过程。就像学习一门新技能，从获取知识、理解、记忆到应用和巩固等一系列认知活动就是过程体现。

什么是目标？为达到预期结果或实现特定愿望，设定具体、明确可衡量的事情，就是目标；一般通常用于指导行动和决策，并为努力提供核心和焦点。

斯坦福大学心理学教授戴克斯特·海克斯认为，完成一件事情有三个阶段，分别是：成长目标、精熟目标、绩效目标。他曾经进行一项实验来证明，分别让两组学生参与拼字游戏，让两组学生分别摇一颗骰子，骰子每个面上都有不同字母和分值，参与者需要用这些字母拼出尽可能多的单词。

A组学生被告知，"游戏目的是比较大学生解决问题的能力"，而B组学生则被告知，"游戏目的是学习如何把这个游戏玩得好"。两组中，还有一半的人被告知，如果表现得足够好，他们将获得诱人的奖励，在大学课程中可能获得附加分。结果发现，当有奖励时，A组获得了180分，而B组只获得了120分，但在没有奖励时，两组的得分相当。

这件事说明了什么？没有挑战性的前提条件下，绩效目标可以帮助人们取得良好的成绩，大多数人能够获得高分，当情境变得复杂时，绩效目标可能失效。然而，心理学家并不甘心，他们试图找到两种目标下人们如何处理困境，于是，换了一种实验方式。

他们告诉参与者，现在研究人员对他们"解决问题的能力"比较感兴趣，A组被告知，研究如何拿高分，测试成绩反映了你们的分析能力；B组被告知，任务是为增强你们的能力而设计的，目标是抓住这个颇有价值的学习机会。实验开始，研究人员不断变换题目难度，并投入一些无解的题，让大家感受到挑战。最后发现，那些怀有"精熟目标"的人（B组），并没有被题目难度变化所干扰，不管做什么，在各种情景中都表现非常好。但A组却呈现截然不同的现象，困难和障碍严重影响了表现水平。

能看出什么吗？如果你要处理简单事情，持有绩效目标能有效提高表现。毕竟，追求绩效目标通常并不在意事情本身，而是，想通过"数字"来展现自己，你会觉得达到该目标，在成长中、团队中能得到周边人的肯定，看上去很有才华，有能力的样子。

绩效本身没有错，追求结果也能成为非常强的激励因素。大量研究也认为，表现型人格的人更注重结果，那种比学赶帮超的精神，恰巧令他们昂扬斗志。但问题是，由于过于注重成就，常常令他们处在紧张焦虑的情绪中。同时，过于注重表现的人，遇到挫折可能会陷入自我怀疑，因为对他们而言，表现结果与个人成就动机相关。

持有"精熟目标"的人不同，我发现可以分为两种：其一，是"逃避责任型"。尤其在组织中，如果不追求绝对绩效，而把目标调整成"熟练"，他就有一种出了事，这锅我不背的心理状态。其二，他们把"精熟"看作成长目标。由于绩效导向不同，一些人本身对能力进步拥有强烈渴望，但又不用承担太多责任，他们会把更多注意力放在事情本身上，恰巧这时能更好地享受为结果而奋斗的过程，任何一点小进步，能都让他们带来满足感。

后来发现，那些持有"精熟目标"的人，会因为犯错而自责，会认为自己"不应该犯低级错误"，或者"对不起领导的信任"。虽然可能也想证明自己的能力，但与那些以绩效目标为导向的人相比，态度截然不同。他们会把困难当成一种挑战，把犯错当作反馈；而持有"绩效目标"的人恰恰相反，他们因压力过大而自责。另外，值得注意的是，从认知角度来看，当一个人关注进步，他会忽略掉一些无效信息，找出更本质的问题。

比如，之前开始做自媒体，身边一些朋友习惯关注一篇文章阅读量，而我初期把目标切换成"成长性"，发现自己更愿意关注内容做得好不好，有没有启发，有没有增量价值。而这些，给我带来不一样的正反馈。

诚然，不同类型的目标在成就取得上，没有太大差距。但面对问题，前期追求精熟，然后再切换至绩效，可能根基更牢固，动力更强。另外，到底用目标导向还是过程导向，也取决于对二者更细化的一种理解。

我个人认为，目标导向偏向战术层（偏实），过程导向更适合战略层（偏虚），为什么呢？目标导向代表有先例，别人做过，只需要按照别人的路径一步一步就能实现。

过程导向的目标往往模糊，缺乏先例，或者只能按照一个流程框架去摸索打基础。就像国内做某些人工智能模型一样，我们只知道国外有的公司已经做到了，拥有了框架，但是别人未必能够为我们提供实现过程中的细节。

追求目标导向有两个误区：其一，实施中你会发现目标只是客观现实中的一部分，背后有一套东西你不知道，需要学习；其二，环境不断变化，以前的经验和方法可能失效。

目标通常具有模糊性和多样性，用在"偏虚"问题上，可能使用了错误的评判标准，因为你总是把现实和目标中间的距离当成直线，总是关注幻想达到后取得的成果，而忽略了全方位打好基础的工作。所以，关注过程可以持续地、全方位地丰富知识、自我认识体系，当各维度积累较深时，目标自然达到。

过程导向的关键在于，我是不是对一些概念理解有误？是不是基于总目标，学到了新理论？能不能运用新的思维框架解决问题？我是不是又积累了一些人脉，让我比以前更有优势？抑或，我的纠错速度、学习速度有没有提高？我从外界获取信息的能力，对比想要的大方向，是否反映出客观现实？如果不是，差在哪里？如果是，我的大小前提又是什么？这一系列行动，看似需要投入很长时间，实则在打基础，但一旦抓住某个增长点，其增长会远超预期，有时，可能出现一年挣的钱是过去十几年的总和。

然而，由于缺乏耐心，许多人无法坚持，导致他们的认知框架停留在目标导向和线性增长的世界里。比如某行业的高收入专业人士中的一些人仍然依赖耗时间、卖体力获得线性收益，因为他们不了解"线性增长"和"指数增长"的商业模式。

有些专业人士相对聪明。他们专注改变过程，善于利用网络宣传自己，打造个人品牌获得溢价，让营收组成往多元化发展，不只靠简单的基础工作，也能靠咨询、学术交流等方法赚钱；因此，专注过程导向，可能会获得超越预期和想象的结果。

问题来了，专注过程导向说着好听，实施起来却不容易，毕竟不追求结果（金钱、荣誉），追求过程可能动力不足。

保持一致性

如果某件事的过程导向与结果导向都能让你获得持续的幸福，并提高成就指数，你自然就有前进的动力，因此关键是，事情发展与自我发展是否保持一致性。目标必须是内心真实的愿望、兴趣，是自主选择，而不是被他人强加或出于某些外部压力。

自我决定理论中，心理学家把一个人做事的动机，分为外在动机、内部动机、认同动机和综合动机四种类型。

外部动机受环境影响。就像上学时，很多学生可能在老师布置的作业截止日期前，赶工完成作业，只是为了获得好成绩或避免被扣分，而不是真正对作业内容产生兴趣，或自愿地投入时间和精力去完成作业。这种完成作业的动机，主要来自外部的奖励或惩罚，而不是内在的兴趣或价值观，反之，若没有惩罚机制限制，很容易放弃。

内部动机是自我要求。主要来自内心压力和责任感，而不是真正的内在兴趣或愿望；就像一些实习生，因为初期没有设定较高KPI，他自认为可以完成，然而却没有完成，为了维护自己的形象或避免被责备，他觉得很惭愧，奋力赶上进度。

认同动机来源于价值观。指个人对某个目标或行为价值的重要性进行了认知，并在其基础上产生的内在动机和兴趣。

综合动机是行为和目标已经与自我融合。就像有人要努力提升唱歌水平，因为他坚信可以成为一名歌手。

如果你理解这些，也就理解了为什么在公司大老板喜欢盯着目标不放，毕竟"过程"认同很复杂，需要价值观、认同动机等一系列深层次意识达成共识。索性直接关注结果，利用业绩压力驱动公司快速前进。

不过话说回来，对于培养自身良好的成事能力，我强烈建议从"关注过程"抓起，因为自己不是公司，不需要天天研究战略，做各种市场投放，以及运营策略；你只需要思考好职业发展大方向，以及哪些小事情能够让自己持续增值，然后前进就够了。这就是关注过程与关注结果在动机层的差异之处。

如何合二为一

很多人面临着"不得不做"或者说"想要又很难做到、不会做还得做"的境地，甚至，有些人还常常受到他人的影响，会碍于面子做一些事情，当目标不一致时，该如何调整呢？这里有三个方法。

第一，停下来思考为什么要做。

从大部分情况来看，外部因素通常是主要的驱动力。这些因素包括公司的要求以及在看到他人取得成就后，自身产生的对于达成类似成就的渴望。然而，实际行动中，这两种因素都可能导致挫折，使自己停下来反思"方法是否有错误，为什么这么困难"的问题。如果你能换个角度想，把这些动机看作一种锻炼机会，得到从成长目标到精熟目标再到绩效目标的跨越，内心会获得更深层次认同，这样不仅压力得到减少，还会带来无形动力。

第二，思考一下自己在哪个阶段。

很多人之所以不自量力，是因为他们过于简化事情的复杂性。他们错误地将"知道"和"知行合一"混淆，仅仅浅层次地了解过，却没有真正付诸实践。他们认为，只需要按照几个简单的步骤，就能轻松完成拍视频、写文章或者做项目报告等任务，因此，当他们无法实现先定的小目标时，就会轻易放弃或者换个目标。实际上，从公司层面来看，老板看结果，管理盯过程是比较合理的状态，毕竟这样可以驱动整体组织的前进。但在个人层面，这两者应该互换位置。你应该专注于围绕某个阶段任务，将大量精力放在过程上，深入了解达到该目标所需的流程和方法，这样能够更加明确实现目标的路径，并在面对困难和挑战时保持坚持和耐心。

第三，尝试从付出角度问自己。

人是群居性动物，即便阶段具备自我一致性，能意识到过程很重要，但随着外界各种诱惑的影响，虚荣心也会被滋养起来，最后不知不觉又回到目标强驱动的原始状态，偏离过程导向。还有一些人，即便意识到偏离，但因害怕失去还会背道而驰，导致其不得不在结果导向中挣扎。我就是典型案例：起初做内容创作者，看别人的阅读量很高，我就会难过焦虑。每当这时，我就会停下来，思考为什么要做这件事。到底是要迎合市场，还是创造有价值的内容。庆幸的是，每次反思都能把自己拉回到内心想走的主轨道中，找到一条既能商业化，又能复利的路线慢慢前行。

在商场上，有些人能够取得非常高的成就并且感到很快乐，而有些人却不那么快乐。这可能是因为前者经历了努力的过程，而后者可能通过金钱或其他方式绕过了努力的过程，忽略了过程的意义。

就像，投资收购一家公司和亲手打造一家公司的区别一样，虽然最终的结果都是创造价值（赚钱），但两者的过程完全不同。缺少了日积月累的过程，总让人感觉缺少了点什么。如那句话所说的，拥有目标的意义并不在于简单地"实现"目标，而在于能够给予我们一个明确的奋斗方向。

总体而言，目标的确很重要，但过程更关键。设定目标时，要从付出的角度思考，是否愿意为实现这个目标付出必要的努力和行动，这种方式也是获得持续幸福的关键因素。

思考时间

◆ 你是否过于追求结果，而忽视了过程的价值？

◆ 你是否找到了目标和过程的平衡点，并重新审视它们的区别？

◆ 在处理简单事情时，你是否认为持有绩效目标可以有效提高表现？

◆ 你是否将精熟视为成长目标，关注事情本身的过程，并同时享受为结果而奋斗的过程？

◆ 在关注进步时，你是否能忽略一些无效信息，找出更本质的问题？

延迟满足：总有一部分要被牺牲

延迟满足是投资未来，投资是牺牲掉眼前的现金流、时间，作为代价来期待未来的现金流入行为。是否采取延迟满足，最终是利益和价值观的博弈。

───────────────

延迟满足，教育学家经常提到此概念，后来很多人也开始在社交媒体上强调，并且把它当作一种习惯，但是大家理解不同。

比如一位小姑娘说，延迟对减肥起到不错的效果，日常不能吃太饱，这样才能"瘦"下来；一位小老板说，做事要看长期，业务当下不增长没关系，客户群稳固，明年肯定增长；一位职场人说，想抽烟时不抽，想购物时不买，性格急躁时忍住，延迟是控制欲望。也许你也有过这种想法。可是，认真思考会发现，它有很多漏洞，体重控制重在日积月累；业务今年不增长，也许到不了明年就会倒闭；喜欢的东西当下不买，明天可能就没有了。

是延迟失灵了？并不是，大多情况下，我们对该词汇的理解处在"启发层面"，并没有真正思考它的具体应用场景，以及真正含义。

什么是延迟满足？

心理学定义延迟满足为一种甘愿为更有价值的长远结果，而放弃即时满足的抉择取向，以及在等待中展示的自我控制能力。也就是，为了长远和更大的利益而自愿延缓或放弃目前较小的利益。

有个经典案例，20世纪60年代，美国哥伦比亚大学心理学教授沃尔特·米歇尔设计了著名的糖果实验，后被称为糖果效应。数十位小朋友坐在教室，每位小朋友面前的桌上摆着一块他们爱吃的糖果，研究员制定3条规则："马上吃掉糖果，没有奖励；等研究员回来再吃，会得到一块糖作为奖励；等不到研究员回来，可以按铃，研究员马上返回，你可以吃糖，但必须放弃第二块的机会。"研究发现，那些少数愿意等待的孩子，成年后职业发展成功概率较高，后来，人们开始注重培养自己以及孩子延迟满足的习惯。

但是，问题来了。你有没有发现，该实验中提前告知了"游戏规则"，此规则属于确定的；现实生活中，我们做一件事，并不知道未来是否有收获，甚至不知道规则在哪里。所以，按照定义，延迟满足有两个被忽略的条件，即"确定性范围"和"着眼于全生命周期的收益，而非眼前收益"。

怎么理解确定性范围？你很难提出一个没有争议的分析，从哲学角度理解，它有三个重要原因：不同类型的确定性容易被混淆；充满价值意外，很难被把握；有两个维度，"一时确定的"和"过很久确定的"。把它放到商业活动中看，确定本身是在一定边界内寻找规律，并且要确定因和果。

比如一个赛道，找到起心动念的目标或理念，你才知道为什么要做，这叫"因"；我们和谁竞争、真正服务谁、与客户交互什么，这几个问题可大可小，可深可浅，来承接"果"，这两个是闭环关系。

然而，找到这些并不够，你还需要对全生命周期的收益效率进行衡量。什么是全生命周期收益？通俗解释为，一个生命、一件事情从开始到结束的时间周期内，用户所贡献的金钱尺度。

我们该如何考虑周期内的商业价值呢？财务管理中，有个概念叫现金流折现模型，计算公式为：现值=现金流/（1+R）+现金流/（1+R）2 +……现金流/（1+R）N。

什么是现值？未来一定数量的钱，按照某个利率算现在相当于多少钱，折算后的钱就是现值。比如你去银行存钱，期限3年，利率3%，3年后你想拿到10927.27元，那么，你该存多少钱？答案是1万元，1万就是现值。什么决定现值？现金流和R，还有N，R代表折现率，意味着现金流的风险；N意味着延迟的时间长度。之所以有折现，是因为如果涉及通货膨胀，现在存1万，看似3年后多收入几百元，实则并起不到太大效果。

什么叫延迟满足？延迟满足是投资未来，投资是牺牲掉眼前的现金流、时间，作为代价来期待未来的现金流入行为。

比如我身边做自媒体的两类人，一类善于将内容做成体系化，优化出书，给咨询公司做成课件，自己训练营也能用，非常适合延迟满足；另一类，内容并不具备上述特征，当下满足更佳。

再来说说买房问题，到底是当下买还是未来买？从市场角度，你很难抓住房产行业整体涨跌趋势，我们充其量，只能判断"通货膨胀"和"现值折现率"。换到确定性角度，你认为当下赚钱要比3年后更高、更快，就要及时享乐，抓紧买房；如果未来现值比当下高，那赚钱慢加贬值情况发生，用钱地方变多不说，反而还会觉得首付都难。发生后一种情况的主要原因在于"通货膨胀"和"现金折现率"，你赚钱效率没当年高，用钱地方更多，才造成此情况出现。

但是，专业人士和其他普通工作者就有明显区别，部分专家年龄越大，赚钱效率越高，赚钱效率完全可以冲抵折现率、通货膨胀带来的痛苦，更适合延迟满足。小朋友是否选择第二块糖果，完全取决于内心阈值，阈值越高忍耐性越强，阈值低则容易没耐心；阈值并没有办法准确估量，毕竟每个人临界点不同。

一言蔽之，你当下认为延迟满足的事情，要站到"确定"目标点，算下现值，到底延迟后的现值更大，还是及时享乐的现值大。不过这只能以自我目标加上收益衡量为基准，来寻找确定性，属于向内求。大家日常也在这样做，可为什么还会存在"大概率情况"失败呢？关键在于你没有向前看，没有从外部视角审视全生命周期。

我经常用两个框架，来衡量所做事情的市场价值成分，依此决定是否延迟满足。

第一，产品生命周期。

互联网人对产品生命周期并不陌生，此概念由美国哈佛大学教授雷蒙德·弗农1966年在其《产品周期中的国际投资与国际贸易》一文中首次提出。他认为，产品从准备进入市场，到被淘汰退出市场为止的全过程，是由需求和技术的生产周期决定，是产品或商品在市场中的经济寿命。也就是，你所做业务在市场流通中，会受到消费者需求、水平、方式以及其他因素的市场结构影响，并导致商品从盛转衰。

产品生命周期主要分为四个周期：导入期、成长期、成熟期、衰退期。

导入期，某产品刚进入市场不被认知，明显没有需求；成长期意味着，产品质量有很大提高，市场竞争百花齐放，销量和利润逐渐增加；成熟期，市场需求趋向饱和，潜在客户很少，销售额从高速增长开始放缓，这一阶段竞争加剧，促销费用增加；衰退期的客户行为已经发生变化，开始从原有产品逐渐转移到新产品。

2012年11月成立的微信公众号，至今已经发展10多年，你认为它处在哪个阶段，5年前做容易还是现在容易？很明显，短视频爆火后，图文赛道在极速下降。如果你还在经营自媒体，你只能慢慢做，站在"确认"角度出发，衡量2年或3年后是否能够达到预期目标，并且还要在细分领域中再细分。

也就是，在你的领域，你能否基于产品方法、内容、运营效率再迭代，为用户创造出更大价值。另外，也可以采用组合竞争的方法，但在已经非常成熟的赛道里，不论形式、技巧如何创新，只要赚钱模式不变就一定有人验证过，而新领域的赛道不同。

生产某畅销饮品的企业家在一次采访中曾谈到，市场若具备红利效应，就拼命把广告砸起来，制造声量，以声量带销售；没有红利就少打广告，搞好产品，对眼下有耐心。所以，产品生命周期模型，能让我清楚认知到目前在行业内，细分领域中所做的事情，处在哪个阶段，哪个生态位，到底是现值高，还是适合延迟满足。

第二，波士顿矩阵。

此概念由美国波士顿咨询公司在20世纪50年代提出，主要是分析市场份额，熟悉的朋友可能知道，该模型按照"增长率"和"占有率"，把市场和产品分为明星（高增长，高份额）、现金牛（低增长，高份额）、问题（高增长，低份额）和瘦狗（低增长，低份额）四类。

"明星类"和"瘦狗类"最容易理解，前者属于导入期，红利遍地，赚钱效率高，后者属于衰退赛道，比如现在入局公众号，很明显增长难、份额少，还拼内容。问题类产品符合成长期，产品市场率比较低，这时候既要坚持，还要闭着眼往前走，边改变，边坚持，因为市场处于上升时，有调整的上升空间，依然可以咸鱼翻身。

对于"现金牛类"市场，几乎没有太多增长，但是，如果产品占有率比较高，这时要秉承及时享乐态度，还是延迟满足呢？我的看法是，现金牛更适合赚取利润，在整个市场走向衰退之前，榨干它最后一杯牛奶，把长远的设想放在下个赛道中。

总的来说，我主要用产品生命周期看业务所在市场位置，用波士顿矩阵审视赚钱效率。

什么导致延迟打折？

如果"延迟"只意味着痛苦，那"满足"就只存在于理论中无法落地，或者说，什么因素导致我们在延迟中容易放弃？

第一，想象力。

加州大学伯克利分校的心理学家、博士后桑吉尔·亚瑟·李曾经做过一个关于幻想打折的比喻，假设你会捡到5元钱，你是想在上学时，还是多年以后？人们往往会随着年龄增长变得富有，相比于45岁，5元钱对10岁的你更有意义。并且，未来的不确定性，并不会让我们相信会有未来，这一切，至少部分归因是在"想象力层面"。

不论是公司老板还是个人，当我们思考还没有发生的问题时，往往是抽象的，这和现实不同，现实具备情绪感受，需要考虑更具体。所以，如果"想象力"和"现实"不匹配，或者匹配度差太多，你的延迟满足，极大概率会被打折。

第二，价值观。

哲学家威廉·麦克阿斯基尔在他的新书《我们欠未来什么》当中提到一个问题，即我们应该延迟满足到多远的未来。他举了一个例子。假想一下，登山时你在小路上扔了一个玻璃瓶，碎了，如果没有及时清理，被大雪掩盖，下次登山的孩子可能会踩上，被玻璃割伤。可是，你已经前行很远，你是否会返回进行清理？孩子割伤对你来说，重要吗？到底是一周、一年，还是五年会被割伤？

桑吉尔·亚瑟·李认为，当我们站到远方，回望曾经时，单纯基于时间的打折率令我们难以置信。我们应该同等重视未来人类和当代人类的福祉，不要对未来打折，至少要高于危险率。也就是说，我们想象和价值观无关的某件事情的具体程度，你的价值观认为，你更重视它，你就会对未来的目标感更期许，你也会做好当下每个细节。

这些价值观中，包括时间投资、意义衡量、金钱是否回本等多种维度。比如很多大企业家，每年坚持做公益，不是因为它能带来金钱，而是价值中流淌着一种责任，这种责任在迫使他们前行。

由此，"想象力"决定对事情的渴望程度，"价值观"决定你是否愿意走得更远，也就是我们常说的价值观决定命运。

怎么保持延迟满足

落地到日常，真正的延迟满足，应该怎么样？我认为可以分成两个方面。

首先是大延迟。古人云，不谋万世者，不可谋一时；不谋全局者，不足谋一域。将军打仗，从来不会把眼光瞄准在一城一池之上，看似一座城池很大，但放在全局上却不值得一提。

先要把眼光抛向更远处，知道自己的目标在哪里，然后结合目标再制订每一步计划。好比健身：健康饮食前提下，你知道目标是减肥，定下大目标，几个月瘦多少斤，然后，把目标拆分成不同时间段，每天落实，训练有规律，到期限自然就能看到体重减轻。

所以，可行的延迟满足，并非一蹴而就，而是大延迟拆分成小满足，无数小满足推动前进，这是一个循环过程；如果你只盯着大目标，一味强调我要"忍让、延迟"，热情度和士气就很受打击。道理虽然简单，真正理解并贯彻到思想中，就很难。

其次是小满足。如果小目标没有实现，可能会导致沮丧、降低动力，我们必须思考如何保证小目标的完成，以推动正循环。怎么设定有效满足呢？有三项原则：清晰易懂、挑战可完成、承诺反馈。

实现小目标时，清晰度很重要，任务太复杂会导致停滞不前，明确和具体的事项，能够防止执行时发生混乱。目标讲究80%保守原则，加上20%挑战原则，这样不仅能够拓展能力边界，每一项取得的成绩还会帮助建立一种获胜的状态。

承诺反馈也很重要，我们知道量变会引起质变，但如果量变方向不对，那就没戏；预期中的满足迟迟没有出现，不能一味延迟，要停下来，以终为始倒推现在做的事，是不是在正确方向上；如果大厦要倒，该跑还是要跑，如果你坚信"延迟"方向正确，坚持下去，保持韧性，一点点地满足，反而容易成功。

思考时间

◆ 你是延迟满足的人吗？你有无基于全生命周期思考过所做的事情？

◆ 你是否确定了自己的目标和理念，找到了人生赛道，学会为更大的收益而放弃眼前的小满足？

◆ 你有没有考虑过，自己的技能也会通货膨胀？

◆ 你是否学会使用现金流折现模型计算全生命周期内的价值，以便对长远利益进行投资？

◆ 对于不确定的事情，你是否有充足的耐心和自我控制能力，平衡眼前收益和长期收益，延迟小满足？

第四章

做事的节奏

创造性思维：打破荡秋千效应

当我面对困难和挑战时，我会意识到这些阻力与我的努力和决心相互作用，形成一个更大的结构张力。这种张力，能够去建立"相互吸引"的循环，以保证可以创造出期待的结果。

你听说过思维反刍，应该没听说过做事反刍吧。以学习为例，一开始打算要养成好的学习习惯，提高知识水平。但是舒服诱惑着我，可以选择玩玩，不学习，就这样躺平下去。我就像站在两堵墙之间，一堵代表我渴望认知上的提高，另一堵代表我想随心所欲地玩乐，这两堵墙都像有一条皮筋套在我身上，将我困在中间；当我试图靠近渴望的墙时，背后舒适的墙会更加紧绷，每向前一步，都需要巨大的努力。稍有放松，我就会被弹回原点。最终，一旦堕落到一定程度，巨大的不适感很快又会回来，对知识的渴望牵引着我，当我试图再次改变时，总会陷入这个循环，犹如荡秋千一样。

相信很多人有过类似感触。后来我认为，想要避免这种失败的唯一办法，就是要跳出这个模式，不再以"基础改变"为出发点，后取而代之，用创造性思维，来实现新模式的成功。

自醒

反抗—顺应—反抗

有时，为什么无法成功地解决问题？你可能听说过最小阻力的概念，它指物体倾向于沿着阻力最小的路径移动，能量倾向于沿着阻力最小的路径传播。

如果我们只是不断改变目标，而不去改变环境，就无法走上最小阻力的道路。你可能会问，那我只需要改变环境不就好了吗？实际上，我也曾尝试过这样做，但最后发现，自己又陷入了新环境的"舒适氛围"中。经过认真的反思，我才意识到，我们通常认为的最小阻力，其实是一种"抄近道"。

比如很多刚毕业一年的大学生，发现难以找到工作机会后，尝试通过报考各种MBA、EMBA商学院课程，来追求快速提升和掌握大量专业知识。但是真正的一线实践工作与商学院的课堂教育是两回事，这种追求快速提升认知，而忽视实践经验的方法，最终导致能力的不足。

明白这些，我们不妨思考下，以往运用最小阻力思维，为什么行不通？大概有三点。

第一，认不清现实。就像"写一篇完整的文章"，包括理清逻辑、填充内容、收集数据、完成排版、准备案例、二次修改等细项。这并不是一项可以一次完成的工作，很容易产生当我看到一个任务时，我感觉任务好庞大，我到底做到哪儿了？一看无从下手，就有了放弃的心理。这会造成认知负担，实际上，大脑逻辑喜欢简单粗暴，不必思考太多的事。

第二，承受力变弱。与理想目标之间的差距逐渐增大时，可能会感到沮丧，我们会质疑自己的自律性，比如为什么如此缺乏自我控制能力？大脑对"差距"产生的偏见，会默认为就是不好，进而引发消极情绪。

第三，破罐子破摔。当各种因素纠缠在一起时，我们就会失去动力，开始自我放逐之旅，堕落到一定程度后，可能会感到巨大的舒适和安慰，但渴望的力量也会重新变得更加强烈。

所以，最小阻力之路应该建立在"正反馈"上。于是，我开始意识到问题并不在于环境，而是整体结构。我需要明确自己想要什么，并找到实现这些目标的有效方法，同时，也要认识到实现目标过程中，可能遇到的障碍；只有这样，才能解决在"相同问题"和"挑战"之间徘徊不定的困境。

那么，创造性思维解决什么问题呢？创造本身强调创新和突破性，创造性思维要求我们跳出既有框架模式，以更开放、自由灵活的方式思考问题，它的关键在于"结构张力"。物理学中，拉力指施加在物体上的拉伸力，反作用力是物体对施加拉力的反作用，当两种力量同时存在时，它们相互作用形成一个综合的力量，这就是结构张力。

说白了，当我努力朝着我的目标前进时，会遇到各种挑战和阻力。这些阻力可能来自外部环境、其他人的意见或者我自己的犹豫和恐惧。但是，我意识到，这些阻力并不一定要阻碍我前进。

相反，我可以将这些阻力看作是一种反作用力，当我能够积极应对这些阻力，与之相抗衡时，它们不再是我前进路上的绊脚石，而是帮助我变得更强大、更坚定的力量。

所以，当我面对困难和挑战时，我会意识到这些阻力与我的努力和决心相互作用，形成一个更大的结构张力。这种张力，要能够摆脱（反抗—顺应）的循环，建立"相互吸引"的循环，以保证可以创造出所期待的结果。

调整结构需要关注什么

想要建立"相互吸引"的循环，实现创造性思维，首先要明白，创造始于内心和思维，让我们所期望的美好结果不断浮现。

就像一位画家，真正创作作品，源自内心的图画和声音，这些图画和声音不断加强，最终才能完整地表达出来。这需要全身心地投入，而不是敷衍了事，这意味着对每个环节都要严格把控。

其次需要明确自己想要实现的目标，实事求是地评估目前的能力水平。在这个过程中，可能会发现自己目前的状态与理想目标之间存在很大的差距。这种差距可能会引起不安，但作为创造者，必须学会接受它，并将其作为动力；不过，接受差距的存在并不意味着满足于现状，相反，它激发着我们不断进步和提高自己的欲望。

我们可以将这种差距，看作是一个追求目标的驱动力，它提醒着你仍有进步的空间，促使你充分利用自身的潜力。通过接受差距并将其转化为动力，以保证自己可以不断迈向更高的水平，这才是一种完整的正循环。因此，与之前的做法不同，不再仅关注改变环境和一些细枝末节的小事，要开始专注于实现——"我真正想要的大结果当中的每一个小结果"，让所做的一切，都为了让我所期望的事情自然发生。

当我真正致力于创造我所期望的小结果时，我会主动迈出行动的步伐，毕竟，我清楚地知道自己的目标，并且每一步都是为了实现自己的愿望。而且，通过对比目标和现状，我会意识到两者之间的差距。这时，我就能感受到理想和现实之间的落差。

作为一个创造者，你的思维方式是接受这个差距，并逐步优化每一个细节部分。事实上，有些创造者，甚至把这种差距视为最有力的推动自己前进的力量。因此，当你真正以创造者的角色来看待问题时，会发现你的容忍力也会提高，你不再畏惧落差，而是积极地将其作为动力，不断完善自己的作品和技能，你开始注重每一个细节，逐步接近你的理想目标。

起初阶段，很多人迫切想做成一件事，会认真思考想要创造的结果。或者过度将注意力聚焦在结果上，甚至基于过去的失败经验而犹豫不决，不知道如何设定每天的目标。毕竟，任何事情都不容易，你会想着降低期望值会更好，此外，很多目标最终流产，原因是自己很少认真观察现状。

怎么办？用好GTD系统就够了。此方法来自戴维·艾伦的一本畅销书《搞定》（*Getting Things Done*），即"把事情做完"，不过，它的理念虽好，但执行时难免有些复杂。我把它做些简化，分别是问题、执行、意外收获，三个部分代表着三个内容文件夹。

我的思路是，用笔记软件把待办清单变得足够颗粒化，比如：调研四个私域反面案例、罗列下明天文章结构、列出关于热点的10个观点。事情需要具体到数量、目的，无法再进行分解时，你会发现，第二天，完全可以把大脑当成"电脑CPU"用，想做50个任务，都能搞得定，屡试不爽。

针对"意外收获"，它就像一个空的文件夹。人毕竟不是机器，你不可能围绕着问题—执行重复循环，当我啥都不想干时，就会躺平，此时就会做一些"私事"。当我看到乱八七糟的信息，觉得还不错，又没时间看时，就把它丢进去，状态好点时整理一下，看看能够"为我所用"在什么地方。这方面，我也会让它形成一个正向循环，这样的好处，可以不断修正每日小目标，进行渐进式的学习，不求一口气做好，也不求完美，至少没有停止过。

大项目怎么办？

回到现实中，实际经历一个大项目的全过程，将会更为复杂、艰难，也更为漫长。就像我的朋友们，有的在写剧本，有的在写书，还有的在创业或者进行大项目。他们都会经历从项目的"童话期"，走向"萌芽"阶段，最后才能达到完成阶段。

创造性思维做事具有持续的能量，但当我们完成越来越多的指标后，就会遇到阻碍。最常见的阻碍有两个：

第一，时间不够。踏上实现目标的旅程，要意识到成功并非一蹴而就，而要经历一段时间差才能看到成果。

以健身为例，开始锻炼可能感觉体力不足，力量和耐力都有限，通过持续的训练和努力，会逐渐提升自己的身体素质，增加强度和次数。另外，过程中可能会遇到挫折和困难，甚至感觉退步了一步。这也是一种时间差，我常常会过于乐观地认为，把手头事情做完，就会离目标更近，实际上还有一段路要走。

在实现目标的道路上，我们必须明白成果不会立即显现，有时候变化已经发生，只是我们尚未察觉。这个过程，不能气馁，要将这些时间差，视为激发创造力和成长的重要时机。

第二，对现状厌倦。假设你正在学习一门新的编程语言，你计划在一个月内精通。经过一个月的学习后，你发现你离目标还是很远。你可能会感到挫败和困惑，甚至质疑自己的付出。这时，最重要的是要重新审视现状，理解自己的学习进度，调整学习策略。也许你需要找一个导师，或者重新规划你的学习计划。这都需要我们对自己诚实，接受现状，并且勇于面对问题，不找借口，才能找到解决问题的途径。

这里也有一些直面现状的技巧：一、对自己坦白，说出现状，避开评价；二、想清楚你要干什么，明确目标，告诉自己，我要达成；三、确定这是不是你想追求的方向；四、踏实做事，不断前行。过程中，当再次卡顿时，你也可以多看看风景、追追剧、读读书，适当转移下注意力，这才是最小阻力之路。

总而言之，最省力的路，不一定是近路。要走得远，就一步一个脚印，小步慢走。《荀子·劝学》里曾告诫我们，"驽马十驾，功在不舍"，一点一滴，才能累积成大成就。

思考时间

◆ 你是否能跳出做事反刍的循环，用创造性思维来实现新模式的成功？

◆ 你是否建立了正确的正反馈机制，以使通往成功之路的阻力最小？

◆ 你是否增强了承受力，不因与理想目标之间的差距而感到沮丧？

◆ 你是否避免了破罐子破摔的情况，不陷入反向结构张力中，而是建立相互吸引的循环？

◆ 你是否通过创造性思维，全身心地投入项目中，认真把控每个环节？

自醒

细节管理：避免低效率和拖延

细节的重要性取决于具体场景和任务，明确的短期目标、良好的信息管理是有效决策的重要因素。然而，如果不能很好地处理细节，就可能会陷入被动的细节控制中。

———————————

好多事情，都有双面立场。拿"细节决定成败""不要关注细节"来说，你到底站哪边？在我看来，两者都有一个共同特征，就是围绕某个小目标进行的。

如果你是一名财务工作人员，控制细节，对公司盈利能力、财务状况有很大的影响；但是，如果你是一名创意设计师，过于注重细节，可能阻碍创造力和创新思维。可以看出，细节的重要性取决于具体场景和任务。我发现有些人总是错误地使用"细节"，陷入细枝末节中，无法自拔。

我有个同事负责运营新媒体，他总是在修改细节，这种改细节的习惯经常导致拖延。虽然他觉得这样做出来的效果很完美，但是当交给领导审查时，常常会"方向不对，还需要再调整"。

所以，如果没有明确"细节的使用边界"，就将这种想法应用到工作中，很可能会带来负面效果；那么，我们应如何面对与处理细节？

关注细节的原因

一个人关注细节，有三方面原因：其一，职业要求；其二，短期目标不清晰；其三，被眼前的事物带来的信息困扰住了。

我们看第一个因素。类似会计师、律师、质量控制人员、法律顾问、程序员等职业，他们的工作都要高度关注细节。一个代码、一个配方、一段措辞，都有可能引发潜在问题，确保没有瑕疵，是工作的基础底线。

再看第二个因素。短期目标的作用，是驱动日常行动和决策，就像地图上的标志，告诉我们什么是正确的前进方向，什么行动最能帮助我们实现长期目标。如果短期目标本身模糊不清，它们就失去应有的功能。例如你决定未来3个月内减重10斤，这是一个清晰的长期目标。如果你设定明确的短期目标，比如"每天走10000步"或者"一周至少去健身房两次"，那么，就更容易实现目标。

第三个因素可以理解为，过多外部信息、外部刺激给我们带来的困扰。当今信息爆炸时代、手机、电脑、电视，无时无刻不在为你提供内容，虽然可以帮助我们更好地了解世界，但过量的信息可能使人无法专注于自己的目标；你可能会被无关紧要的事物分散注意力，在面对过多选择时感到无所适从。这就是"信息过载"，其结果就是无法有效地进行决策从而感到疲劳和压力。

当然，注重细节也有很多优点。在公司里，那些职位比较高的人，都是细节控。他们非常擅长观察别人的言行举止，善于言辞，能够准确把握别人的需求。我记得有一次客户来公司访谈，领导安排下属准备了口香糖、饮料，考虑到客户不吃糖和辣，甚至特意安排符合客户口味的午餐菜品。类似这样注重细节的人有很多，老板们也喜欢他们。毕竟，他们务实、能干，总能从一个问题中发现更多的问题，对于任何事情的风吹草动，总能提前知道。

因此，细节的优点数不胜数。明确的短期目标、良好的信息管理是有效决策的重要因素。然而，如果不能很好地处理细节，就可能会陷入被动的细节控制中。

除了外界给予你"工作细节"部分需要处理外，我们也需要重新审视自己给自己"制造的细节"。

你准备一份报告，需要使用数据来支持论证。你认为市面上提供的数据不够详细，因此花费大量时间亲自收集、加工和过滤数据，以确保逻辑的完整性。回过头来看，即使使用别人引用的数据，也不会对论证产生负面影响，这就导致了浪费时间的情况发生。

完美主义者对此应该很有感触。由于以前在数据上出现过问题，为了避免这次再失误，这让我开始过度关注那些不重要的细节，陷入那种"高期望—放弃行动"的循环中。

这种高期望，会使我在行动时更容易感到挫败，然后产生失望和痛苦的情绪。这种"高期望、行动、挫败、失望和痛苦"的过程，一旦反复发生，我就会产生一种逃避机制，我会想办法切断这个过程。高期望值在我们的文化中往往被美化；挫败感会随着环境的变化而变化；失望和痛苦则是人的本能反应，很难克服。

所以，一旦出了问题，我一般会马上停止行动，来避免这种痛苦带来的恐惧感；为了保护自己，甚至可能会主动放弃这个目标，以确保我不再遭遇这种痛苦，然后就会形成一个新的循环："高期望—放弃行动"。这就是，陷入习得性无助的原因。迫于不想失败的心理，每一次都会更加注意细节，最后常常做出低效率和拖延的行为。

细节控背后的循环代表什么？

所以，细节控背后的循环代表什么？答案是，确定感。每一次都会更加注意细节的本质是，通过强调秩序和细节，让自己停留在舒适区，只做一些不会失败的事。

秩序的确能带来安全感，通过不断强调它，你就形成一种肌肉记忆，觉得"没事，都在我控制范围内"。其实，现实不是这样。我们只是用一个可控性强、更熟悉的解决方案，来替代原本更复杂的问题而已。

一些人喜欢用时间管理、效率软件，在一个复杂的时间轴上记录活动安排和计划，密密麻麻，我问过他们真的管用吗？得到的答案却是还好。当我问起，哪里不满意呢？他们告诉我，需要频繁地记录，对此也耗费不少精力。

当然，我也会用。不过我会思考，如果这个时间轴，对我来说只是一个烦琐的记录工具，没有更好地管理时间或者提高效率，那么它就是冗余的，不如不用。与此同时，我会选择简化时间管理方式，只保留对我真正有用的信息和方法，以便更好地应对我的需求和目标。对于我来说，不是追求记录的多少、细致程度，而是记录实用性和对个人发展的帮助。只有当记录能够带来益处，能帮助我更好地思考和行动时，我才会坚持使用它们。

说实话，每个人都会关注细节。你想想看，微信、飞书、钉钉这些应用早已成为工作和生活中不可或缺的一部分，我们使用它们来共享文件、发送和接收信息。但是，经常因为这些应用上出现的"未读消息提醒"，我们会强迫自己去打开查看一下，这就是一种深陷细节中的现象。

细节如何平衡

如果深陷当中，该怎么进行细节平衡？我经常使用这三个步骤。

首先，以某个导向为中心。作为建筑师，负责设计、建造一座房子时，首先会制定一个整体的建筑和设计方案，包括房屋的结构、布局和主要要素。接着，会着手建造房子的框架，确保结构和基础是稳固可用的。在这个阶段，可能会使用简易的设计软件，快速完成它们，然后逐步改进和修饰其中的部分。

其他方面也是类似的。你想学习一门技能，你应该先开始实际练习，不是一上来就埋头看书、疯狂购买课程。那些一上来就沉迷于学习而忽视实践的人，最终往往会被知识所束缚。因此，我的一个重要原则是：导向为中心，导向应该和最终决策平行，甚至是一个起点的，有了它再去找框架，再去处理细节。

其次，审视细节的重要程度。我并不是说处理细节，不需要做到尽善尽美；而是，当你开始关注细节重要性时，需要一些思考来判断它的重要性。譬如：这个细节，直接关联核心目标吗？忽视这个细节是否会带来重大影响或负面后果？这个细节对最终结果、决策有重要影响吗？投入更多时间和精力，来处理这个细节，是否能带来明显的价值或回报？

通过这些问题的评估，可以更好地判断，哪些细节是最重要的。只有当一个细节与上述四个问题相关时，它们才是最重要的，这样的评估有助于平衡关注的程度，确保将时间精力集中在对任务和项目最有价值和重要的细节上。

最后，设置限制阶段性检查。即使确定了框架和细节，也并非意味着不需要进行调整。即便是在工程领域，也存在"微调时刻"。框架建立并开始运作后，你的视野将从理论上的"讨论"转变为"实际操作"，虽然掌握整体情况，大局上不会出现大问题，并不代表过程没有小问题。

要确保过程没有问题，就需要在运行基础上进行阶段性检查，关注过程并了解流程。这个阶段，你会发现新的问题，当你了解了这些新问题并不断修正时，成功的概率才能提高。

总的来说，细节管理是被人忽略的部分。它是个人全情投入一件事，对框架、结构更深入了解的一个必要节点；也反映出你是否能将有效资源充分最大化。

思考时间

◆ 你是否确定了明确的短期目标，以驱动日常行动和决策？

◆ 你是否能避免被外部信息和刺激所困扰，以避免信息过载，保持专注于自己的目标？

◆ 你是否确定了"细节的使用边界"，以避免陷入被动的细节控制中？

◆ 你是否能聚焦于实现目标的重要细节，避免花费时间精力在不必要的微小细节上？

◆ 对于不需要过多关注的细节，你是否意识到过于注重细节，可能会阻碍创造力和创新思维？

做事的节奏：保持热情与动力

通过将行为简化成"最小单元"，就能把难度降到最低，也能增加信心；如此下来，大脑也不太容易产生强力抗拒反应。

———————

总有一些人，生活、家庭、事业和人际关系方面都井井有条，财富也不缺乏，他们总能轻松地实现设定的目标。看起来，他们似乎掌握了一种神奇的方法，可以避免被各种烦心事纠缠，不随波逐流，拥有无穷的动力。

对他们来说，任何事情都像谱写一首音乐一样和谐流畅，有主旋律，有副歌，有快节奏也有慢节奏；仔细观察后发现，这种方法就是做事的"节奏感"。

什么是节奏感？

理论上，节奏感是客观事物和艺术形象中，符合规律的周期性变化的运动形式，引起的审美感受。比如舞蹈动作的反复变化，建筑物上窗户、柱子的排列，园林别墅中花草的间隔栽培，绘画中垂直线、水平线、斜线、曲线的重复配置冷暖色等，都会给人以节奏感。

我理解的节奏感，是一种有序而平衡的工作、生活方式，它不是一味地追求速度和数量，而是注重合理的安排和调节；就像音乐中的节奏一样，有快有慢，有高潮有低谷，懂得在合适的时候加速，也懂得在适当的时候放慢脚步。可是，生活中，大家一般把别人的节奏当作自己的节奏，到处跟着别人的节奏在走，看起来自由洒脱，最后却一事无成。

为什么会导致此类问题发生？有两个方面：首先，是思维方式。很多人喜欢做自己喜欢的事情，觉得没有什么不对的，认为每做一件事都是一种积累。最终却发现，自己只是在不断地重复，而不是真正取得进步。其次，是学习方式。也想做成某件事情，但在开始学习时却走上了错误的道路，导致费力不讨好，无法走得很远。

我之前遇到过一个省建筑设计院的审稿人，他告诉我，每当接到一个开发商的设计要求时，他会给自己找一个不受打扰的环境，关闭手机，连续20多天投入设计图纸的制作中直到完成。我们的确见过很多这种案例，这些人都以高度专注、持续投入完成工作。但是，我们不能只看到成绩，而忽视了背后的努力和方法。

需要明白，他们之所以能够在短时间内取得成功，因为已经掌握了正确的技巧和规律。因此，你上来也想达成这种结果，可能会过度劳累、失去平衡。

很多人都会建议，不要给自己过于紧密、繁重的计划和任务，可以适当放松一下，让工作和休息相结合，有助于保持热情和动力。我认为这种观点是很正确，我也尝试过这种方法，然而，内心总会出现一种"负罪感"。就像如果第二天我发现好像没有达到昨天的期望，就会陷入自责中，要么，我会更加努力地给自己安排更多任务；要么，做更多事情以弥补昨天的偷懒。这是不对的。

后来，我再次翻阅美国著名习惯研究专家詹姆斯·克利尔的《掌控习惯》一书发现，关于一件事的节奏感，不能仅仅用节奏来定义，而是要用身份来定义。

身份是指我们对自己的认同和定位。当将某种行为视为自己的身份一部分时，就会更自然地采取与之相符的行动。通过建立一个与我们理想的身份相一致的习惯，就可以更持久地保持节奏感。这种身份驱动的习惯，让我们更容易坚持下去，因为不再把任务视为简单的任务，而是将其视为自己身份的一部分。

明白这个理论，你就明白了，为什么有时你想掌握节奏，却掌握不了。因为，你的物理（认知）行为抗拒一件事，所以，就无法控制节奏。

你想学摄影，希望拍出令人惊叹的照片。你并不想学习复杂的相机设置、构图技巧。只想拿着相机就拍，这肯定无法达成目标。种种细节问题，都会让你感到困惑，无法全情投入地保持节奏，这样下来，自然放弃的概率也就提高了。拍摄 vlog、做博主、开公司、做项目也一样，你的理想与身份不匹配，自然就不可能达成。那么，基于身份的节奏感该怎么做呢？

确认大概方向

第一步，确定大概方向。就像，写一篇文章，你要先知道大概结构是怎样的。确定这个大致方向后，就知道包括哪些内容，以及大概的形式或形态。有了大致方向，接下来，就需要把它从意识层面转移到潜意识层面。

什么意思呢？我们在清醒状态下，能够察觉到的思想、感受都是有意识的，是在思考和做决定的过程中产生的。而潜意识是意识之下的心智活动，是无法直接察觉和控制的；潜意识包含了我们潜在的信念、价值观、记忆、情感和直觉等等。

所以，当我们谈到把"大致方向"转移到潜意识，意味着会把这个想法或目标加深，并让它成为内心深处的信念和动力。换句话说，最开始意识层面上思考，决定了你想要追求的大致方向。然后，为了实现这个目标，需要将它内化到你的潜意识中，让潜意识相信"我能行"。通过这个过程，信念、自我认知和动力会更深层次地与目标一致，当潜意识与目标保持一致，就会更加有自信和动力去追求这件事。

确定方向后，还有一个关键是，学会"角色扮演"。对我来说，最近有点懒散，但我希望成为一个"言出必行、立刻行动"的人。每当不想行动时，我只要想到这个角色扮演，就会立刻激发内在动力。

我对很多事情都感到自豪，但有一件事情让我很不满意，那就是沉迷于睡前刷手机、无法早起的问题。通过所期望的身份去培养这些习惯，我发现，这种方法非常有效。当我无法控制刷手机或闹钟响了不想起床时，潜意识就提醒我，我的身份是不允许这样做的。因此，一旦这个念头出现，我会立即关闭手机准备睡觉，或者立刻起床。同时，内心会出现一种直击灵魂的对话，问我自己："你想成为谁？你满意现在的状态吗？"

每次我采取这样的行动，都为当下的行为感到自豪。你可以看到，这种自豪感并不是通过日复一日的强迫行为主义产生的，而是源自内心的一种成就感。你试试看，不管做什么，先找到一个大概方向，然后找到类似的角色扮演，把它植入潜意识中，接下来做的任何事，都会为新身份积累证据。

有关于角色扮演方面，它不过是一个为目标服务的"阶段性"策略而已，我们也不要同时扮演太多角色，这个过程是逐步进行的，你可以选择一个角色，并将其融入生活中，再决定是否需要调整或尝试其他角色，关键是要保持平衡，不要给自己太多的承诺和要求。

两分钟法则

第二步，两分钟法则。我们大脑中各种关于行为的负面，都是来源于习惯。而正反馈也是一样，一两次做法并无法真正改变你的信念，但随着行为次数增加，新身份的证据就会越多，你才能相信自己能做到。

全球知名生产力大师大卫·艾伦有个法则挺好用的，叫"两分钟规则"。当你面对一项任务、一个待办事项时，如果可以在两分钟内完成，那么，你应该立即执行它，而不是将其推迟或放入待办列表中。通过立即处理那些可以在两分钟内完成的任务，就能避免堆积起来。很多人可能会思考，两分钟有什么作用？的确，两分钟不能做什么，但从身份角度思考，只要你行动了，就是在为目标积累能量。

不过，具体是不是两分钟，就你自己的工作属性来定，你觉得10分钟也可以，15分钟也行，但是，一则研究发现，两分钟是最佳状态。一件事只要在开始2分钟内进入状态，接下来，你可能会投入5分钟、8分钟，甚至更长，这是一种心流时刻。所以，不要小看两分钟，它就像"复利思维"一样，是帮助我们实现确定的方向和想成为新身份最强大的工具之一。

这种做法大大节约了心理能量和行动资源，并让你感到更加确定和有掌控力，同时，它也创造了一个熟悉、稳定和安全的环境。因此，当你进入一个个小节奏时，是一种非常难得的事情，千万不能打乱它，不然下次从头开始，你也未必找到"那种两分钟"的感觉。不过，这只能支撑小事情的完成，面对庞大项目、事件时，还需要设定更强的反馈。

行为精简至最小单元

第三步，行为精简至最小单元。行为设计学博士B.J.福格提出的行为公式：行为＝动机 × 能力 × 触发。简单来说，一个行为的发生，需要具备足够的动机和能力，并在适当的触发条件下进行。动机是行为的推动力，而能力指的是执行该行为所需的技能和资源。

若动机和能力足够，受到适当的诱导或触发时，特定行为就会发生。动机受"动力—阻力"的影响，只有动力超过阻力才会形成足够的动机。那么，具备足够的能力完成行为，关键在于什么呢？其一，在行为过程中，如何得到正面反馈，信心变强，有更多动力；其二，不能完成该行为或完成得不顺利时，信心、动力受影响的要素有哪些。

这两步都非常重要。毕竟，行为形成习惯之前，很容易因为"忘了"而中断。所以，为了引发正循环行为的第三步，我们需要在保持行为的"功能性结构"基础上尽可能缩小、简化它，降低整个行为的阻力，使"完成行为"变得简单。

所谓"功能性结构"，即实现一个基本目标正反馈的最小单元。

以健身为例。理想的状态是，去健身房使用固定器械、自由器械，按照标准流程进行锻炼，这个完整过程包括换衣服准备、去健身房、健身、健身后的清洗、回家五个环节。这个过程，使得健身行为变得过于复杂，那么，为了保持健身的功能性结构，我们就需要精简掉一切可以简化的步骤，使健身变得简单而有效，只要按照最基本的步骤进行，就能获得效果。可以购买哑铃、弹力带，在家里利用空闲时间，按照基本发力教程来几组。

通过这种方式，就可以根据实际情况和资源，灵活安排健身计划，既保持健身的基本结构，又简化了过程，使得健身更加可行和容易坚持。通过将行为简化成"最小单元"，就能把难度降到最低，也能增加信心；如此下来，大脑也不太容易产生强力抗拒反应。

总的来说，这种方法不依赖于主观意愿和对行为的好处、益处评估；而是通过身份赋能，简化行为到最小结构，建立新的行为并将其转化为习惯。是一种既然可以做，就立马做的简单理念。这种思维模式，在现实生活中完全可行，时间长了，就成为一种稳固的内在做事节奏；让潜意识帮你干活，才是最佳助手。

思考时间

◆ 你是否理解身份驱动的习惯，将其视为自己身份的一部分？

◆ 你是否以身份为基础，更自然地采取适当的行动，并保持持续的动力和热情？

◆ 你是否避免将他人的节奏当作自己的节奏，而是找到了自己的节奏感？

◆ 你是否在工作和生活中注重有序而平衡的方式，不仅仅追求速度和数量？

◆ 你是否确认了大概方向，明确了自己的目标和计划，并避免了过于紧密、繁重的计

   划和任务，让工作和休息相结合，保持热情和动力？

引导完成欲：不要成为天性的奴隶

我们对完成任务有一种强烈的驱动力，当任务未完成时，这种驱动力就会在我们心中形成强烈的印象。如果能够利用它来驱动自己完成任务，那么它可能会成为一种强大动力。

在日常生活中经常会遇到这样的情况：午餐时间到了，朋友邀请你出去吃饭，但你正在游戏中，于是你回答："等一下，我这局游戏结束就过来。"晚上，家人催你上床，但你正在追剧，于是你说："等我看完这一集就去睡。"即使你知道电视剧可以留到明天再看，你依然会选择先完成眼前的任务。这种现象背后的原因是我们对完成任务有一种强烈的驱动力，当任务未完成时，这种驱动力就会在我们心中形成强烈的印象。

让我们再来看一个更直观的例子：电商平台上，如果你的砍价已经达到99%，只需要再邀请5个人就可以完成剩下的1%，你可能会毫不犹豫地分享给朋友。这种心理现象被称为"蔡戈尼效应"。

"蔡戈尼效应"主要体现在完美的追求和对放弃的欲望上。对于前者，人们有一种强烈的驱动力去完成已经开始的事情，如果一项任务已经完成了大部分，剩下的部分并不多，你可能会选择坚持下去，直到任务完成。然而，对于后者，如果一项任务的完成进度低于预期，你可能会选择直接放弃。

我们可以用一个通俗的说法来描述这种现象："人们总是对得不到的东西心存渴望，对未完成的事情耿耿于怀。"简而言之，人们倾向于要么坚持到底，要么一事无成。如果你能认识到这个心理现象，并能够巧妙地利用它来驱动自己完成任务，那么它可能会成为你的一种强大动力。现在，让我们来更深入地了解一下这个效应。

死磕到底的完成欲

要理解我们对完成任务的坚决欲望，可以从三个方面来考虑：任务系统、奖励、进度条。

任务系统包括6个方面：人、事件、时间、场景、结果和奖励。在现实生活中，我们每天做的所有事都是为了完成某个任务。我们为了完成工作而撰写项目报告，为了放松心情而看电视剧，为了提升自己而阅读书籍，甚至无目的地刷手机也是为了获取更多有用的信息。

尽管任务的结果很重要，但实现这些目标的过程往往充满挑战。因此，我们需要一些辅助工具，比如奖励和进度条，它们可以帮助我们在困难中坚持下去。但问题在于，很多人在使用奖励时犯了错误，滥用奖励可能会导致结果偏离原本的目标。比如孩子一哭，母亲就抱他，那么这种无意的拥抱就等于在奖励孩了的哭闹。

那么，如何正确使用奖励呢？有两个维度需要注意：正强化、强关联。当我们完成一件事情的时候，最基础的目标是完成任务，但从长远来看，核心是通过熟能生巧，使工作变得"毫不费力"。比如，你每天做运营工作不只是为了分析数据，更重要的是找到规律，让工作变得更简单。

如果你用其他的物质奖励来弥补做一件事的欲望，就可能会偏离这个路径。所以，正确的奖励方式应该是："我今天的工作效率提高了，那么我明天的奖励就是继续提高效率，同时保证数据更精确。"在任何情况下，不要把奖励与事情本身分开，强关联的设计会让你的动力更加充足。如果说设定任务系统是达到完成欲的第一步，那么意识到奖励问题的设定就是第二步，而第三步是设置进度条。

进度条指完成一项任务的时间线或路程。其实，具体的进度并不重要，主要的是你能知道何时会结束。现实中，我们不得不承认，如果一项任务没有进度条，你的情绪和效率可能会变得更糟糕，因为你不知道结束的时刻在哪里。因此，进度条的重要性在于它能告诉你大概何时可以完成任务，我把它称之为"理想的心理安慰剂"。

然而，现实生活中即使有进度条，为何我们的效率还是提不上来呢？这主要有两个因素：解决问题的方法论和分阶段的进度。

举个例子，如果我知道明天下午6点要提交一份项目报告，但是我有60多页的资料需要整理，我没有一个清晰的框架，就会感到焦虑。所以，一个人如果在做事的过程中半途而废，可能并不是因为他害怕，而是他对未来的不确定感，不知道从何开始，前方无形的障碍让他感到恐惧。

如果我们把任务拆分，我们就会发现问题的答案其实非常简单。我在写作前总是因为要选择题目、查阅大量的资料和阅读大量的文章而感到焦虑。但当真正开始写作时，这些焦虑都会消失，因为分阶段的进度让我可以看到我离目标的距离，每走一步离目标就近一步，结果就更清晰，动力也就更足。

所以，只有存在任务，有进度条，并且有与任务强关联的正强化奖励，我们才会有做事的动力。当进度接近100%时，完成欲望就会越强；而当进度低于50%时，人的动力就会相对较弱，以导致放弃的可能。

一事无成的放弃欲

放弃欲，简单说就是想要放弃做一件事的冲动，它一般有两种情况。

第一种情况，当你正在做一件事，但是进度条还没过半，这时，你可能会觉得任务特别艰巨，自己好像根本做不完，你就有想逃避，想要放弃的冲动，这种现象通常称为"拖延症"或者"半途而废"。

那么我们为什么会半途而废？主要是由四个因素造成的：任务太难，自我感觉无法胜任；高估了任务的难度，使得行动受挫；对自己缺乏信心，总是担心失去；懒惰，想得多做得少。

假设你看到有的人做主播特别火，他们的内容你也能做，但是当你真正开始尝试的时候，你发现需要花费大量的精力去写脚本、找拍摄角度、做后期剪辑，你就开始想要放弃。这其实就是因为你看高了别人，看低了自己，以至于陷入了"高眼光，低行动"的困境。由于这些原因，人们往往会出现"蔡戈尼效应"过弱的情况，也就是做事不求有始有终，只想一鼓作气，结果往往是越做越焦虑，最后不得不选择放弃。

这种现象往往会让我们自责，甚至感到无法面对生活。但你不必过于担心，其实，就连一些名人也会有这样的问题。伟大的画家达·芬奇，就是一位典型的拖延症患者。他的生涯充满了许多未完成的项目和未实现的构想，而这些都是因为他的拖延症。

说到底，当我们在面对任务进度低于50%时产生放弃欲望，并不是因为任务本身过于困难，而是遇到困难时，天性就会驱使我们寻找逃避压力的方法，结果，我们陷入了一种"心理厌倦感"，对任何事情都无法保持耐心。

第二种情况，当你完成一件事情并且获得了正向的反馈或者奖励之后，你可能会对下一次做事情有更高的期待，希望能做得更好、更完美。但是对完美的追求可能会让你觉得压力过大，你可能会过于在意每一个小错误，产生焦虑，久而久之你就可能会放弃做事。这种情况我们通常称它为"强迫症"或者"完美主义"。

当蔡戈尼效应过于强烈时，我们可能会陷入过度的强迫状态。比如说，你可能会遇到一项任务，就是非要完成它，无论花费多长时间都不会放手。这会使你的身心处于紧张状态，仿佛自己成了一个永不停息的"永动机"。

在我们的社会中，完美主义常常被视为一种优点，就像我们经常赞美的艺术作品或者精良设计，都被赞誉为"完美"。然而，从性格的角度看，完美主义其实是一种焦虑的情绪，表现为对缺陷的过度焦虑，以及对无能的不安。当这种心态渗透到生活、工作、学习，甚至人际关系等各个领域时，可能就会引发强迫型人格障碍。

蔡戈尼效应为什么会变强？主要有三个原因：工作性质、工作的前摄抑制影响，以及期待作用。通常来说，工作难度越大，人的思维就越活跃。短时间的强化会增加人的记忆力。因此，如果工作被终止，短时间内人会不断回忆，同时，工作难度大时人的情绪变化也大，而情绪又会强化记忆和欲望，这就导致人变得更加强迫。这造成了更大的阻力和压力，使得他们时常感到内心焦虑，严重的时候甚至会产生放弃的念头，但脑子却总是在工作，很累。

知道了蔡戈尼效应的正负面，我们该如何有效地平衡呢？我们需要理解一个概念，它叫"心理张力的平衡值"。

心理张力的两面性

在我们日常生活中，不断地会听到"张力"这个词。设计师们追求设计图具有"张力"，写作者努力让文章充满"张力"。那么，这个我们熟悉却又陌生的"张力"究竟是什么呢？

从广义上来讲，"张力"主要体现在两个方面：平衡与失衡。这一理论可以追溯到美国心理学家库尔特·勒温在"场动力理论"中的阐述，也就是说，平衡与失衡之间的关系，会导致所谓的"蔡戈尼效应"。我们人类的视觉在观察物体时，会自然地寻找平衡感；例如，一盏桌灯、一棵静立的大树，这些静态、平衡的画面，不会给我们带来紧张感。而那些让我们感到"张力"的事物，其实是在给我们一种"失衡"的感觉。

而这种心理的"张力"感，究竟是由什么引起的呢？一是人与环境的互动，二是角色和场景的更迭。想象一下，你早晨起床后和伴侣吵了一架，心情不佳的你去上班，又因为昨天的项目报告没有完成，被上司训斥一番。在这样的情况下，你很难保持心理的平衡，你想找个方式把这种不愉快的情绪释放出去。如果你不能适当地处理，你的情绪很可能会在接下来的工作中爆发出来。

我们平常说的"心理承受能力"，其实就是一个人在面临紧急事件或压力时，有多大的能力去接受并处理这些情况，以及对待生活中的变化有多大的适应能力。如果一个人的放弃欲望或完美主义情绪过于强烈，这表明他的心理张力容忍度较差，情绪可能会高低起伏、不稳定。严重的情况下，可能会威胁到他的日常行为和生活。

例如，你可能会经常看到一些公众场合的求婚失败案例。一个满怀期待、手捧鲜花的男士，因为受到了女生当众的拒绝，情绪可能会爆发，无法控制。那么，如何提升我们的"心理张力"的承受度呢？如何使我们在遭遇困难和压力时，不至于一蹶不振，又能在完成任务后，适时放下手中的工作，不再追求过度的完美呢？关键就在于，我们需要找到平衡与失衡之间的那个平衡点。

这个平衡点并不是一个固定的目标，而是需要我们在生活和工作中，不断探索、调整，最终找到的一个适合自己的状态。只有找到了这个平衡点，我们才能在生活中享受平衡，从容面对各种挑战。

我们必须明确，寻找平衡点的目的是解决以下三个问题：使本来拖延的我们不再拖延并保持高效；使强迫自己追求完美的我们不再不断提高标准；利用成就欲使我们运行得更快。

具体该如何实现，我有两个方法。

第一，认识并改进旧思维。

创业家傅盛有一个"认知四部曲"理论，这个理论分为四个阶段：不知道自己不知道、知道自己不知道、知道自己知道、不知道自己知道。比如你对"蔡戈尼效应"有所了解，但未能付诸实践，那么你就处于"知道自己知道，但可能没有实施"的阶段。

当你已经认识到放弃欲和完美欲的状态，以及解决这两种情绪的基本方法后，你就完成了"认识"。而"认识"的提升核心在于看清事物的真相，并找到相应的解决方法论。这本身就是一种奖赏，它能带给我们巨大的满足感。

然而，我们还需要改进现有的思维模式。我常常将培养新习惯比喻为跑步机的不断加速，我们需要快速更新，而不是停滞。具体应该如何做？当下次感到想要放弃时，先冷静下来，然后将问题进行拆解，将整个过程分阶段处理。如果我们能把这种节奏变成习惯，并将其应用到各种场景中，那么你的性格也会逐渐平和，你不会因为遭遇失败或强烈的完美欲望而停滞不前。

第二，训练并积极利用蔡戈尼效应。

你需要明白它的核心在于"已经完成大半，即将完成"，也就是说我们应该尽可能地在进度条过半之前解决问题。例如设计游戏时，为了让更多的用户上瘾，游戏公司会设计各种层次不同的任务系统，比如《王者荣耀》的签到领金币，完成几场游戏赠送铭文。通过这个例子，我们可以提取出一个关键词："未完成"。假设你在做某事完成三分之一后，如果不继续完成，你会有一种烦躁的感觉，这会迫使你快速行动。那么。应该如何达成前置条件？首先，将任务的整个进度条一分为二，即50%+50%；然后，在前50%的起步阶段，尽可能清晰地量化任务，然后持续训练。

我经常采用的方法是将前50%再分为三个阶段，然后加入正强化和强关联的方法来操作。最后，你就会不断地上瘾，你的满足欲望会不断增强；在这个过程中，你也就不知不觉地度过了痛苦的前50%。简而言之，我把前面的部分总结为拆解并设计吸引力，然后利用人们"完成大半就想快点完成一件事"的天性，以正确地利用成就欲使自己运行得更快。

总结一下，如何正确利用自身的完成欲？这个过程可以分为五个步骤。步骤一：认知：了解我们面对的是什么，以及我们如何应对。步骤二：改变固有模式：这意味着我们需要打破旧有的思维模式，并对其进行改造和迭代。步骤三：将任务拆分为两部分：也就是将其分为50%+50%。这样我们可以更加清晰地理解任务，更加容易地达成目标。步骤四：设计诱因与奖赏：通过设计有吸引力的诱因和奖励，来激发我们向前的动力。步骤五：利用蔡戈尼效应：当我们已经完成了任务的一大部分，我们将更有动力去完成剩下的部分。

完美主义者可能因对成功的过度焦虑而苦恼，拖延者可能因对失败的深深恐惧而痛苦。真正的秘诀在于找到两极之间的平衡点，而不是成为自己天性的奴隶，我们需要掌握并驾驭这些力量；即使步伐放慢，也要保持前进的步伐，不是吗？

思考时间

◆ 你通常如何制定任务？一气呵成还是分阶段尝试？

◆ 你有尝试过，将任务分成50%+50%的原则吗？

◆ 任务开始的前50%你是如何保持高效的？

◆ 你是否发现，自己停留在固有完成模式中？

◆ 有尝试过在计划中加上一些奖赏激励吗？或者给任务设定进度条？

寻找踏脚石：在前进中微调

你不需要一开始就制订一个完善的计划，而应该关注眼前、积累技能，一步步地实现一些小目标。把这些小目标看作是通往大目标的踏脚石。

其实，很多时候所谓的"计划"并不是真正的计划，"目标"也不是真正的目标。我们只是随波逐流，买房、去健身房、吃健康食品、过节去景点打卡。这些看似目标的行为，更像对社会习惯的顺应。

我注意到，像乔布斯、贝索斯这样的成功人士，他们人生并没有完全按照计划来走。他们的成功，更多源自偶然机遇和突如其来的灵感。这让我开始反思，我们是不是对"目标、计划"两个词太过于看重。

可能，我们不需要那么强调设立和追求一个明确的目标，更需要开放式思维，也许这样，才有可能在探索中，偶然撞见那个能让我们成功的机会。

把"Goal"转化为"Objective"

讨论"目标"时，如果不做一些特别的区分，可能会产生一些误解。因为在英文中，通常会把"目标"翻译成"Goal"或者"Objective"，但实际上，这两个词的含义并不完全相同。

"Goal"这个词英文中代表我们期望在未来能够实现的事情。比如说，你的"Goal"可能是，成为一个成功的企业家。而"Objective"这个词则指我们正在尽力去达成的事情。比如，为实现你成为知名作家的"Goal"，你现在的"Objective"可能就是完成你的第一本小说。简单来说，"Goal"是你最终希望实现的事情，而"Objective"则是我为了实现这个"Goal"，现在需要去做的事情；换个角度来说，"Goal"就是你的目的，而"Objective"则是你实现这个目的的方法或手段。

我注意到，大多数人对目标的理解通常更接近于"Goal"的概念，也就是希望在未来实现的某种理想状态或者终点。例如，有人可能设定自己的目标是升职、减肥、达到某个成就。这种理解过于抽象和宏大，而忽视达成目标过程需要实施的具体行动，也就是 Objective 部分。事实上，成功达成目标往往依赖设定和要完成的一系列 Objective。

当谈到职业规划时，我常听人说，"未来我要成为一家公司的高级管理者"，这是他们的"Goal"。如果不询问如何达成目标，他们可能觉得模糊，因为目标过于遥远，甚至看不清楚需要做些什么来实现它，如果把"Goal"转化为"Objective"，事情就清晰多了。

想成为一名高管，你可能需要设定一个目标：接下来的两年里，我要成为一名出色的部门经理。这是一个更具体、更可行的目标，可以通过改善领导技巧、管理项目的能力来提升自己。过程中，可以不断调整和设定新"Objective"，逐步向"Goal"前进。这样的目标设定方式，看起来更清晰，更具有可行性，也更有可能被实现。所以，当我们谈"目标"时，可能并不是"期望的结果"，也包括达成这个结果，需要做什么。

在达到目标的过程中，我们要面对的是目标管理。那么，什么是目标管理呢？目标管理的原词是"Management by Objective"，真正含义为"通过目标来进行管理"，而不是"对目标进行管理"。彼得·德鲁克对目标管理的解释是：把每个人的付出都汇集到一起，像把每根稻草都捆在一起那样，这样才能有更大的力量。而不是因为各种不同的工作和目标，让团队成员互相扯后腿。换到个人角度看，你每做一件事，都应该是为了实现你人生的大目标，就像拔河比赛中的每个人，都在为了同一个目标努力那样。如果我们的努力不能形成合力，就会像没捆好的稻草一样，容易被风吹散。

所以，目标管理的真谛是，鼓励我们自己主动去努力，而不是被别人强迫。这不是说"目标管理"就是简单地把大目标分解成一个个的小目标，评估执行；更重要的是在"进行部分"。要思考如何在进行中微调，这个微调也包括目标，如何更匹配宏观一层发展的规律要求。这就是很多人容易误解的第二个地方。他们可能会为了一个目标而变得很迷茫。

因此，我们应该先理解"Goal 和 Objective"部分，然后再来看，怎么管理实现目标的过程。在这个过程中，知道我们要做什么，做的同时，也理解我们为什么要这么做，这么做带来的结果，是不是匹配发展规律。

不过，虽然进行中的计划需要被管理，但也要防止一些陷阱。

人工智能的故事

来看一个案例：如果你是一名人工智能研究人员，现在要教一个带轮子的机器人独立走出迷宫，你会怎么做？可能你会为这个机器人制定一套"摆脱迷宫"的应用程序。程序环节，你会设定一个准则，"比前一步离出口更近"，然后，一步一步执行这个程序。最后，我相信机器人会根据你精心准备的程序走出迷宫。听起来是一个非常准确、科学，并且充满决心的方法，对不对？

事实上，该实验被验证过。来自OpenAI的两位科学家肯尼斯·斯坦利和乔尔·雷曼最终得到的结果是，40次基于目标的迷宫实验中，机器人只有3次成功走出迷宫。也就是说，科学家团队亲自设计，被定义为最接近目标的方案，成功率低得可怕。他们进行反思，成功概率如此低，一定程度上反映了"思路有问题"，怎么办？于是，他们反其道而行之，决定抛弃围绕目标和原有计划，做一场关于新奇性搜索的实验。

如何做的呢？他们为机器人程序设计一些创新的"想法"，让机器人去实践这些想法。如果机器人实践了一种新的行为，那么，该行为就会被认为是有趣的，值得进一步探索和发展。

如果机器人尝试绕过一堵以前从未遇到过的墙，那么，这种新的行为，就可能带领机器人走得更远。相反，如果机器人只是重复以前行为（撞墙、跌倒），那么这种行为就可能会被忽略。经过一段时间"新奇性搜索"实验后，令人惊讶的是，机器人竟然找到了一种可以让自己顺利穿越迷宫的行为。更值得注意的是，这种行为并不是他们最初设定的目标。

这说明什么？如果你是一名目标主义者，认为设定明确目标是实现任何伟大事情的必要条件，那么，你可能会坚信，只有基于目标的计划，才能更可靠地引导机器人找到出口。

可是，事实恰恰相反。没有设定任何目标情况下，进行的40次新奇性搜索实验中，机器人成功找到出口的次数，竟然高达39次。这似乎在向我们揭示一个秘密，让机器人成功找到出口的真正诀窍，可能是放弃过于执着地寻找出口这个"目标"。

以上事例是否给你一些新启示？可以说，过于关注目标导向的计划，可能会让你停滞不前，你原本计划好的方案，也未必是"最佳方案"。毕竟，计划是一种短视效应。当你拥有一个详尽计划，可能陷入这样一个悖论：除了你的计划，其他的一切都可以忽视。也就是，一个完美的计划，不应该被任何外部的信息所干扰。然而，世界是动态变化的，你也在不断成长。

比如你曾经制订一份为期一年的计划。内容包括付清房子首付，以及利用业余时间去赚取一些额外的收入，慢慢偿还月供。我想，这样的生活肯定会很美好，至少过得比较宽裕。但是，半年后，你发现被这个计划牵着走了。

你根本没想到会失去工作，而且找工作比想象的要困难得多；这时，你的副业变成了唯一的收入来源，该怎么办？

　　经济学家萨缪尔森曾提出一个理论，合成谬误：指个体层面看似正确的事情，放大在环境下，可能不再正确，反之，宏观上看似正确的事情，个人角度看可能不太对头。对于那些小计划，我们很难确定是否能够真正帮到我们实现最后的大目标。而且，如果一心只想着那个遥不可及的大目标，可能会忽视一些看起来无关紧要的小事，反而会对那些看起来能立即派上用场的东西产生过度的依赖。

　　历史已经有无数次证明，那些看起来无用的东西，往往最终会成为最有用的东西；读万卷书，行万里路，见识众多的人，大胆尝试和勇于接受错误，其实就是该道理的体现。

　　此外，计划可能成为绊脚石。社会学家唐纳德·坎贝尔提出过一个"坎贝尔定律"。意思是，一个指标，在我们做决定时，变得太重要，那这件事就很容易被人操纵。它揭示出一个问题，即只用一个标准来衡量事情，往往会把注意力引向错误的地方。

　　比如一个公司过分关注盈利，把盈利作为衡量管理者业绩的唯一标准，那么，管理者可能会为追求利润而牺牲掉公司长期发展。甚至，可能会削弱研发投入，减低产品质量，从而降低成本。这样虽然满足公司利润目标，但长期看，可能会导致竞争力下降。

　　当然，我们也会低估完成一项任务或计划所需要的时间，即便已经意识到计划中的误差，但实际上，完成计划的时间常常超出预期。这就是霍夫施塔特定律（规划谬误）。

踏脚石作为基础

那么，我们应该怎么应对呢？对于个人来说，可以尝试"踏脚石思维"。就像过河时，我们会找到一块又一块的石头作为支点，而不是，一开始就想着怎么跳到对岸。你不需要一开始就制订一个完善的计划，而应该关注眼前，积累技能，一步步地实现一些小目标。把这些小目标看作是通往大目标的踏脚石。这种思维方式，强调适应性和抓住机遇，可以帮助我们减少对未知的恐惧，降低因压力过大而产生的精神负担。

我一般从三个方面着手训练。

第一，尝试没做的事。拉尔夫·沃尔多·爱默生曾说过，成为艺术家，首先要成为一个生活爱好者。尝试一些以前从未做过的事情时，我意识到，陌生事物就像破窗效应一样，一旦打开，会带来许多意想不到的惊喜。

以前我对飞盘、徒步等活动并不感兴趣，我觉得，飞盘只是简单地接一个盘子，而徒步只是走几公里而已，没有什么特别的。然而，当我真正尝试这些活动时，我发现它们带给我的远不止想象的那些。通过徒步时候与他人交流，我意外地解决了一些工作上的困扰，通过体验飞盘运动，我得到一些关于团队合作的灵感，激发我对营销创意的想法。

这让我重新认识到，参加这些活动，并不仅为了达到某个目的，而是为了开启未知和新奇的可能性，它们帮助我发现了隐藏在日常生活中的意想不到的事物，恰巧这些事物又能为目的服务。

第二，为它增加过滤器。如果一直探索新奇，可能会从一件事跳到另一件事中，将更多时间浪费在无谓的尝试上。可以尝试添加一个"过滤器"来管理好奇心，以便更有针对性地选择探索的方向。

我平时爱写作，又是一名营销从业者，面对书籍、人或机会时，我会习惯性问自己，"我是否对这件事如此着迷，以至于愿意付出时间去深入学习更多"？如果答案不是"绝对的"，那么，可以放弃它。但答案是"绝对的"，我就遵循5小时规则，即每周通过5个小时来专注学习它，让我的热情程度成为指南针。这种方法的好处，可以帮助你将注意力集中在自己感兴趣和有价值的事物上，也可以避免被无关紧要的事分散精力。不过，过滤阀门不要拧得太紧，以免造成视"价值导向"为主驱动。

第三，用增值视角去看待。前进过程中，往往无法事先预料到所有事情的发展，只有回顾过去时，才能将它们串联起来；所以，没有人能够保证，所做的任何事都会按照你的意愿进行，然而，我们可以尽量减少走弯路的可能。

经济学中，价值是衡量资产和消费的最基本标准。踏脚石思维，仍然应该重视价值的概念。无论短期、长期计划，都应该考虑当前所做之事是否能够带来增值。如果无法短期内看到增值，同时未来也没有增值的可能性，那就不值得继续投入时间和精力。

好了，探索新奇、为好奇心加滤镜、用增值视角看事物。三点循环下来，不管目标是否偏离主航道，计划有无被打乱，从回报率角度看，都是巨大的。

总的来说，定目标做计划，不如找踏脚石。放下执着和目标意识，也许，人生会有无限可能，试试看？

思考时间

◆ 你是否意识到不要把"目标"和"计划"混为一谈？

◆ 你是否将"Goal"转化为"Objective"？你是否设定了更具体、更可行的 Objective，逐步向Goal前进？

◆ 你是否强调了进行中的部分？是否思考在进行中进行微调，其中微调也包括目标，以使其更符合宏观发展规律的要求？

◆ 你是否重视合作？

◆ 你是否采用过踏脚石思维？

第五章

减少内耗

学会断舍离：换个视角看问题

断舍离的根源是对心理层面的认知、选择，以及价值观的重新审视，并在现实生活中实现简约。

不久前，一个朋友向我诉说：他的抽屉里躺着几个陈旧的手机，尽管仍能开机，但不想用；他的衣橱里堆满了衣服，然而每次出门前穿衣的时候总是找不到心仪的。

我们为什么会在面对过去的事情和无用的物品时，如此难以做到"断舍离"呢？也许你对"断舍离"的理解有着根本的误解。许多人误认为"断舍离"是：丢弃无用的东西；去除多余的废物；解脱对物品的执念。

在我看来，问题的根源并不仅在于整理、收纳或者丢弃，而应该是对心理层面的认知、选择，以及价值观的重新审视，并在现实生活中实现简约。如果无法完成对内心世界的重塑，那么真正的"断舍离"就无法实现。

我们可以从两个方面来考虑这个问题：物质层面，人们不愿意扔掉东西可能有很多原因，比如没有足够的时间或者不愿意割舍，或者担心以后可能会有用。然而，根据我的观察，这些大多数都只是借口，因为在看一部综艺节目的时间里，我们就可以整理物品清理一些空间。思想层面才是问题的核心所在。从物资匮乏的年代到现在，许多人仍然受到"物尽其用"的观念影响。一个物品没有彻底报废就不会被扔掉，这就导致了大多数人处于一种

"既无法享用，又舍不得丢弃"的状态，想断而不能断，从而深受其困扰。

总的来说，在心理学中，这些现象被统称为思想观念陈旧进而导致的个人不确定感，以及由此产生的所有权依赖症。这些因素共同作用，使我们对物质的过度依赖和对陈旧观念的坚守，阻碍了我们迈向更简单、更美好生活的步伐。

个人不确定感

还是先聊聊"确定感"，它是一种"情绪状态"。大脑为了让我们有确定感，会自动过滤掉很多干扰信息，留下相对安全的选项。

比如你在整理衣橱时，面对几件很久没穿的大衣时，脑子里可能会想：如果我丢了以后想穿怎么办？不丢，又要存着这么重的衣服怎么办？最终，大脑会排除那些无法掌握的信息，然后做出决策。换句话说，我们觉得越确定的事情，越可能忽视事实的复杂性，因为有些因素是无法直接量化的。

那么，"不确定感"从心理层面该如何理解呢？它也被称为"无法容忍不确定的程度"。或者说，是我们对预测性的需求，以及在面临不确定性时的反应。从低程度的"容忍"看，这是一种消极的思维倾向，有人会对不确定性和可能的后果有一种过度负面的信念，就像是我一旦把它丢了，肯定会有用得到的时候；从高程度的"容忍"看，有人可能会把一些模糊的情况视为威胁，即使大部分人都不认为这些情况真的有威胁。

因此，对不确定性的"容忍度"在我们对模糊情境的理解中起着重要的作用，反过来说，如果对不确定性的容忍度较低，那么就更容易对"不确定的威胁"和"不确定的结果"感到焦虑。

所以，当我们要决定是否舍弃某样东西时，通常会面临不确定性。有些人能够短暂地面对这种"风险"，然后通过理性思考来决定。但有些人无法直面这个问题，这种感觉会让他们心情不愉快，于是他们会选择逃避或推迟决定。前一种人知道自身偏好，只是被"物尽其用，浪费可耻"的思想束缚。一旦认识到空间和品质的重要性，他们就会开始整理东西，提高生活的控制感。后一种人是害怕面对自己，不清楚自己真正喜欢什么，也不确定那些旧物品以后是否会用得到。他们可能会认为，如果丢掉某样东西，再想要的时候就得再买一次，岂不是浪费？这种思想会让他们积累越来越多的东西，形成一个恶性循环。

我半年前去朋友家，看到他们家的茶几上到处都是孩子的玩具，我最近再去，那些玩具还在那里。我问他们为什么不清理，他们说："玩具还没坏，丢了太可惜。"我说："你也用不上，难道还打算生第二个孩子？"他们一愣，然后说："有道理，应该清理一下。"

这就是"损失厌恶"，我们总是觉得失去某样东西会让我们感到难过，其实它的价值并没有改变，只是自己在心理上过于在意。那么，有这样的反应时，我们真的就能坚决地进行"断舍离"吗？并非如此，你只是认识到了这个问题，但它可能会让你陷入另一个选择困难的问题。2017年诺贝尔经济学奖获得者理查德·塞勒把这种现象称为所有权依赖症，也有人把它翻译为"禀赋效应"。

所有权依赖症

具体来说，当我们拥有某样东西（如物品、观点或人）一段时间后，我们会对它们的价值评估得更高；无论是宠物、衣服，还是观点，我们会对它们产生强烈的情感依赖，以至于舍不得放弃。

例如，两个年轻人开始恋爱时很容易分手，但相处了两年后，即使吵架，也会有人主动低头。这是因为冷静下来后，发现问题并不是很严重，而且放弃之前投入的时间和金钱似乎不划算。

然而，这种决策并不一定是正确的。我们通常把注意力放在自己会失去什么上，而不是会得到什么，同时对损失有强烈的恐惧，这种情绪会导致我们做出错误的决定。比如，当我们考虑是否要扔掉一件衣服时，我们通常会担心以后需要它，实际上，我们可以用更多的精力去赚钱，然后再购买，甚至丢掉它还可以为我们节省更多空间。

《重塑大脑》中，诺曼·道伊奇提到，人脑中的神经元具有可塑性，它们不断因为外界刺激而改变连接方式，这是环境和基因互动的结果。

当我们在电商平台购物时，经常能看到"七天无理由退货"的提示。如果我们对是否购买某件物品犹豫不决，这种能改变我们观念的保证会促使我们最终购买。一旦确认收到商品并感到满意时，我们已经将其视为自己的财产，而退换则成为一种损失。起初我们可能认为只是在试用商品，但实际上，试用会点燃我们内在的情绪，这是当初未拥有时无法体验到的"占有感"。

带来情感的物品也是一样。每当我们与朋友或恋人一起度过节日并拍照留念时，这些充满回忆的照片都很难让人舍弃。这种情况下，我们似乎与这些照片产生了一种"虚拟所有权交易"。我们期望从这些场景中找到相同的情绪和回忆，或者希望别人能从照片中我们的微笑中感受到当年同样的激情。而我们的观念又会影响看法，导致我们对物品产生依赖，不愿意断舍离。

为什么人对物品和情感的依赖如此深刻呢？亚当·斯密在《道德情操论》中提到，人们追求的并不仅是满足自然需求，因为即使最底层的劳动者的收入也能满足这些需求。人类追求改善生存状况的目的在于得到别人的关注、关怀，获得同情、赞美和支持，这就是我们从行为中追求的价值。富有的人热衷于财富，是因为财富能够自然而然地吸引世界的目光，而贫穷的人则处境相反，他们以贫穷为耻，感觉被世界所忽视。一旦感到自身被忽视，人类最强烈的欲望将无法得到满足。

断舍离的精髓在于"流通"，也就是"出则进，进则出"。换句话说，人们放不下某些无用的物品、感情或思绪，本质上是因为他们与当前的自我无法和解，这是一种缺失性格的执念。

《大辞海·哲学卷》中，将这种执念定义为过度执着，形成这种根深蒂固的观念有两个方面原因。

第一，价值观没有跟上时代发展。一个人的生活观念大多受到父母的影响。现在的物质生产和运输发展迅速，但父母那一代人常常认为"太可惜了，不能乱丢"，这成为你想要丢弃东西时的羁绊。

每次过节回家，你总能在父母的卧室里看到几十年前的陈旧衣服，为什么没有丢掉呢？因为心中的执念还在，他们认为"丢弃是不对的"。这些观念来自上一代的教育，当生活观和价值观没有与当下的发展保持一致时，就会产生代沟。这就好比多数人听过的那句话"酒香不怕巷子深"，如果放在当下的互联网时代，可能会成为品牌发展中"最重要的误导"。

我们当下所践行的人生不是建立在固有知识应用的基础上，而是审视未来，寻找当前应该做什么。因此，在断离舍的"离"上升到思维层面时，强调的是对过去的执着。对"我执"的放弃也是思想的改变，是让思维焕然一新，适应当下和未来的发展。

第二，物质过剩。我们生活在一个物质过剩的时代，消费作为社会运转的核心渠道，让很多人不断购买，并形成囤货的习惯。商家通过各种促销手段，将本来是改善生活品质的物品变成了我们心中的必需品，植入我们的意识，促使我们主动下单购买。我们需要冷静思考，有多少商品是在打折、促销的诱惑下被盲目购买的？有多少人在等待收货时已经忘记了买的是什么？这种思维方式导致我们生活空间中80%的商品都是无意义的。

从断舍离的角度来看，我们需要考虑这些物品是否真正有必要，是否经常使用，而不是简单地受到促销手段的影响。人们往往习惯思考"有效性"，而忽视了将"必要性"作为有效性的前提条件。一开始决策时没有考虑到将来是否需要使用，而得到物品后，就会产生一种"既然已经有了，就留着吧"

的感觉。到了处理的时候，又会觉得"扔掉太可惜了"。

很多观念是祖祖辈辈传递下来的，但是，部分观念可能不再适用于当前时代；我们应该审视现有的生活观念、价值观，意识到物质过剩和互联网发展所带来的影响，并且不让这些观念限制我们的思维。

从心智做出改变

那到底如何有效地做出"断舍离"呢？这里有大概三个维度的方法论。

第一，去我执。思想观念的改变是关键，尽管很难实现，但它是成功断舍离的基础。你需要意识到大部分的杂念、事物、人和情绪对你来说都是无关紧要的。把自己从自身的限制中解放出来，审视自己的思维过程。

当你观看电影或玩游戏时，尝试把意识往后收一收，意识到自己只是在观众席上，与电影中的角色无关，他们的情绪和经历不会影响到你。进一步说，每个人对自己的定义可能只是一个代称，它随着时间的推移会在你的思绪中累积，定期放下这些旧的框框，因为它们可能不再适合现在的你。

第二，调阈值。"无法容忍不确定的程度"中最重要的两个对冲点在于：对事情或情景的可预测性和在面对不确定性时的认知和行动失能。简单来说，这是种认知偏差，导致我们将未知事件理解为"威胁的信息偏差"，从而造成焦虑的持续。

当下次再遇到不舍得断舍离的事情就采用"如果……就……"的形式展开。譬如：如果我当时下单时理性一些，就不会有这种情况发生了，现在看来这件商品真没必要；如果我当时跟他及时分手，好像现在也不会失去什么。在使用过程中可能会出现"上行与下行"两种，前者具体表现为正向方式思考，后者则为负面维度展开；当消极的结果超出个人预期时，我们也可用"要是……就是好了"的措辞来思考。

因为预期结果不一致会引起我们的注意，以及反思"为何现实结果超预期"，换句话说就是，让你的大脑尽可能往正向思考，远离物质情感两者对所有权的依赖。

第三，做减法。断舍离是不是意味着我要过极简人生，那我的家是否就变得"空无一物"？现在看来好像不是，似乎东西也不少；断舍离之后我是不是就控制住了购物的欲望？好像也不是，现在我依然逛街、逛超市、抢优惠。在开展一段时间后，我发现它应该是"找到一种与物品之间舒适的生活模式"。

若非要说我从什么时候想要开展断舍离的，那应该是当我有天早起从床上下来发现地上堆满各式各样的东西，让自己觉得房间好小的时候；那一刻我明白，与物品缠绕并不是我想要的生活。我从扔东西开始，逐渐屋子变得空旷；进而发现情绪也变得舒畅，然后好像更能静下来聆听自己。日常阅读也不再是碎片化，耐心多读几篇专业内容更能让自身深思，因此醒悟，原来"断舍离"的核心是"流通"。

总结一下，断舍离过程中，要把"我"当作主角，不要把"物品"当作主角。脑子里少想着"好可惜，还有用"；多想着"我喜欢吗、我适合吗"，换个视角也许能让你眼睛一亮。

思考时间

◆ 你是否认识到"断舍离"是对心理层面的认知、选择，以及价值观的重新审视？

◆ 你是否学会面对不确定性和可能的后果，提高对不确定性的容忍度？

◆ 你是否了解所有权依赖症，并不仅仅考虑失去某样东西会让我们感到难过，而是考虑它的价值是否真的与我们的价值观相符？

◆ 在整理物品时，你是否能从品质和空间的重要性出发，而不是只考虑"物尽其用"的观念？

◆ 你是否了解个人不确定感和所有权依赖症的影响，以帮助你做出更明智的决策？

自醒

高质量休息：在生活中探索新鲜感

高质量休息，不止于睡觉。它是一种新鲜感的练习，是交叉活动带来的放松，是缓慢感知细节的快乐，是重燃生活激情的一套方法，是一种生活正反馈。

朋友说，睡了几十个小时，仍觉得疲惫。好不容易到了节假日，旅游也没有找到生活的激情。K歌、逛游乐园，也没有使自己更开心。为什么呢？不管活动看起来多轻松，美景看起来多漂亮，如果休息方式没有使自己摆脱疲劳，放松神经，就是一种错误。脑力工作者群体，把此类现象总结成"被动休息"，简单讲，就是身心处于被迫休息状态，这是一个健康陷阱。

想想看，写了一天项目报告，开完一天会，结束这一切后，你会感叹道：太累了，我要睡个好觉！常识使得我们对疲劳的第一反应就是"去躺一躺吧"。对于体力工作者来说，疲劳主要由身体产生大量酸性物质引起，通过睡觉可以把能量补充回来，把身体里堆积的废物排出去。对于脑力工作者来说，大脑皮层一般极度兴奋，神经紧绷，身体却缺乏锻炼处在低兴奋状态，睡眠对这种疲劳，起到的作用完全不大（除非是熬夜加班）。

既然，有时睡觉都无法帮助大脑休息，那什么办法才可以？答案是：不是停止活动，而是改变行为与活动的内容。

大脑一直在活动

与其他器官不同，人一生中大脑一直处于活动状态。从能量代谢角度看，肌肉休息时，所消耗的能量完全可以忽略不计，但在收缩运动时，会消耗1000倍以上的能量；相反，大脑不管运动、还是休息，都要消耗大概人体总代谢量的20%。也就是，工作时耗能水平仅仅比休息时高出5个百分点，正因如此，休息时的大脑，更应该看成一种独特状态。

读过一些心理学著作的朋友应该知道，大脑分为默认网络和任务网络两种状态。默认状态下没有明确任务发生，它实际上涉及大脑以往存储、残余的认知活动，包括对过去经历的回顾，思考未来可能的情景、对自我和他人的思考，以及情感调节。某种程度上，你可以认为是一种有意识的休息状态，因为它允许大脑在不需要专注于特定任务时放松一下，但不是绝对休息，这是有科学依据的。

对于这项研究，可以追溯到1995年。美国科学家巴哈拉特·毕斯瓦尔等人，发现在完全没有运动的休息状态下，大脑左右两侧运动皮层的功能性磁共振成像（fMRI）信号，仍会发出很多强关联性信号。这些信号关联的区域组成不同的脑网络功能，比如视觉网络、运动网络和注意力网络等等。

因此，大脑存在自发的脑活动，并且活动并非杂乱无章，而是有组织的。那么，默认网络切换到任务网络时，又有哪些差别呢？其一，两者共用一个"内存"，做任务时，任务网络活跃度会提高，默认网络的活动就会降低。其二，做一个任务可能会激活两个不同功能，一旦任务停止，切换至默认状态下，你的神经元也在发生连接。

换个角度来说，我们日常的心理活动以及思维推理，都需要整合各个脑区的信息才能够完成，大脑跟计算机的CPU相似，可以分为多个模块区域，作为一个整体，各区域都有联系。当它们运行时，大脑网络就变成了一张抽象的数学图论里的网络，每个脑区是一个"节点"，脑区之间的联系是网络的"边"，相互联结，以完成任务。

这就像高铁系统，由许多节点组成，有的节点负责列车停靠，有的负责核实乘客身份，还有的负责监测列车运行状态。节点之间通过系统连接起来。如果两个区域功能相近，那么，它们更可能在同一视觉任务中被激活；如果两个区域，在默认的脑活动状态下，又有很高的关联性，那么，它们被同时激活的概率会更高。

美国心理学家曾做过一项研究发现：默认网络对于大脑任务网络至关重要，因为它可以在保证相邻神经元和神经区域之间有更多联系的同时，也能够保证大脑作为一个整体更有效率地加工信息。但有趣的是，大脑在休息时表现出较高的模块性，而在任务状态下则表现出较低的模块性。也就是说，当大脑休息时，各个系统会相对独立地工作，如果有相关联的信息刺激到旧任务，它会被唤醒。但在工作时，不同系统之间会有更多的交流，使得模块之间的界限变得模糊。

这说明什么？专注任务会耗费认知资源。即使不做任何事情，如晚上睡觉做梦，也会消耗这种资源，这种资源是默认网络下各种联结所引起的。因此，很多人在休息日选择打游戏或者刷短视频，但这种行为本身并不能算是完全的休息。毕竟它会让大脑不停地接受相关信息，这些信息很可能会进一步激活大脑中原本待完成的任务，导致思绪紊乱、越休息越累的情况出现。

那么，针对每日、每周、节日休息时效不同，我们该用什么合适的方法呢？

交替进行法

大脑皮质有100多亿个神经细胞，它们以不同方式排列组合成各种不同的联合功能。这一区域活动，另一区域就休息，所以，短暂劳累，可以通过更改活动内容来缓解。

你昨天做了4个小时方案，最好第二天去给盆栽修剪下枝叶，或做一些户外活动，而不是睡到太阳晒屁股，这属于从脑力转向体力的方法。

法国哲学家卢梭曾说过："我本不是一个生来就研究学问的人，我用功时间稍微长一些就会感到疲倦，我不能连续半小时以上集中一个问题。"如果让我交叉研究几个不同的问题，即使不间断，我也能够轻松愉悦地一个一个寻思下去，一个问题可以消除另一个问题的脑疲劳感。

我也一样，做方案想不出创意，我会把它放一放，然后，某个不经意间可能会突然冒出答案。交替进行法的特点是"更换任务"，让脑子放松。

有人会说，我常常因为一个工作没结束，很难开启下一个，怎么办？有个小技巧，你可以在双手静止情况下，用左手去按摩右手虎口，然后，再用右手按左手虎口处，相互3~5下。虎口在手背部，大拇指与手指之间的部分。长期按摩，一方面能够缓解手部疲劳，改善手指灵活度，缓解手部疼痛，另一方面，穴位按摩通过神经末梢传递的信号，能改善身体生理反应，从而减少脑部紧张情绪和焦虑感。

你也可以采用小憩法（Power Nap）。Power意为强大、有力的，Nap则是小睡、打盹的意思。国外，人们把短憩作为缓解劳累、提高工作效率必不可少的一项策略，它不一定要在午休时进行，也可以在碎片化时间里高频次地利用。

如果您在工作中感到状态不佳，或者一段时间后感到脑力不足，可以设置一个计时器，在5~10分钟内闭目养神。这一策略在理论和实践上都是完美的，符合正常的生理特征。这种方法缺点是，可能无法应对突发情况或被同事打扰，甚至可能被公司所禁止。

即便有适宜环境条件，许多人也表示很难进入状态，一旦进入状态，时间又到了，这种半憩不睡的状态让人更难受，怎么办？我通常配合音乐同步进行。人是环境的产物，耳朵更是。我们一起试试看，现在播放了一段田野里的蟋蟀、蝈蝈声，中间夹杂着大雁排队往南飞的叫声，这一切和微风掺杂在一起，你有什么感觉？

耳朵沐浴在声波当中与音符共振，大脑以往"生锈神经元"也会随之被点亮，这种声音沐浴法能让你瞬间从眼前事物中抽身出来，回到内心禅境中，没有任何束缚，自由自在。

进一步说，短暂疲惫主要来源对现状的厌倦，所以，最好的休息项目，就是把眼前事情快速切换掉；想想看，如果干完一件事，能够幸福地感叹"明天又是新的一天"，那么，这件事对你来说，就能成为一种动力源。但可惜，我们缺乏对"切换内容"能力的理解，我们能想出来的短时间休息法，不是痴睡就是傻玩，要么是看无营养的信息。因此，短期休息的精髓是"重燃"做事的激情。

上述我给你开的清单，基本思路是以"身体的做来缓解脑力的累"，当然，最适合的方法还要你自己探索。如果你觉得下楼走5分钟，和同事喝杯咖啡更轻松，那就去吧，别管别人怎么做；也许你还可以看一会儿无厘头的动漫、打几局游戏后，再把思路转移到那些烦琐的工作上。这种方法只适合按天计算的时间段。

而针对每周频率的休息，我认为应该从提高感知力开始。

提高感知法

想想看，周六日全天你怎么过的？睡个懒觉起来，洗脸刷牙叫外卖，然后开始刷手机、追剧。当思绪处在游离状态时，会出现一系列关于自我的想法，以及我和别人的关系、谁点赞了等各种琐事中。你就像宇宙的中心，被这些想法围绕着旋转。这样的后果会导致神经紧绷、脾气变差、难以相处、莫名其妙不开心等情况发生。

这些习惯的形成，是大脑在无意识状态下默认形成的习惯，周而复始循环地影响着你，背后是大脑杏仁核与皮层下区部分在起主导作用。

它对休息有什么影响呢？心理学家丹尼尔·戈尔曼曾做过各项研究发现，如果一个人对情绪、压力警觉性过高，就会出现杏仁核被劫持的情况。

例如，你一直在负责重要项目，时间紧迫，领导经常要求你在规定时间内完成，但是，因为某些问题（技术、人员、供应商）迟迟没法推行，你就会感到紧张、焦虑、恐慌；假设这种事情持续发生，杏仁核会一直处在"警觉状态"，导致你睡觉、周末做任何事都无法进入松弛状态。

因此，休息本身是让大脑放松。警觉状态下尝试旅游、看风景，并无法解决紧张状态，毕竟，种种行为只是一种逃避，最后发现，你像做任务一样完成它们后，依然要面对。

怎么办呢？最好的办法，面对当下，学会感受。这并不是一件简单的事，它要求我们将注意力集中在当下的瞬间，不去回忆过去、幻想未来。我习惯周六日某个下午，在公园里坐一坐，或去河边走一走，把手机关闭，静静吹着风，看着叔叔阿姨跳广场舞，有时也会和他们打招呼，闲聊。

这种感受用一句话来形容即"抽离自己，沉浸当中"，简单地说，对内用观察者视角看自己，了解到目前种种状态，对外，把心沉浸到别人做的事情中，充分打开五感，填满注意力空隙。

我为什么要强调这种感知呢？一方面，它能给我打开幸福感，提高审美，也能更好地让自己处理人际关系、处理未来和从前的关系，让紧张的杏仁核松弛下来；另一方面，它能调动感官力量，去认知周围的世界和人，设身处地理解他们。进一步说，当被按部就班的生活、存在主义的焦虑感困扰时，慢下来，才不那么紧张。感知力的改变，能帮助你"回血"，从而改掉默认网络下的不良习惯。

除了我的方法，你还可以试试换位思考训练、共情能力训练，记得抛开成见，聆听，接受，包容。总结下来，周频率的休息包括三点：自我监控、共情他人、外部沉浸。

培养兴趣法

经过一定阶段后，你会发现自己的性格、处事风格也会发生变化。你会愿意放慢脚步，这种慢，是全神贯注、心无旁骛地打开感官和注意力，摒除脑中的杂念，接纳身边的和而不同；你不再因为别人的一句话感到难受，也不会因为工作压力无时无刻焦虑，你会挖掘出"感知细节"带来的人生意义。

但是，这还不够。用长远眼光看，我们可能还需要培养几种新的兴趣，以改掉默认网络下的坏习惯。

为什么是感知力提升后培养兴趣，而不是直接培养兴趣呢？一方面，兴趣形成和发展，不仅由外部刺激决定，还与个人内部认知和情感因素密切相关，一个人对某个领域、某项爱好的感知力提升后，会更加敏锐地觉察此项爱好的特点，从而深层次被吸引；另一方面，感知力提升，能帮我们更好地理解和应对挑战，不会因为急于求成焦虑地放弃，减少了挫败感和压力，又能促进兴趣发展。

比如，假设一个人从来没听过爵士乐，他通过社交媒体对这件事产生了兴趣，如果直接去学习，可能会因为不熟悉乐器演奏不起来，而感到失望，很快放弃。如果提高了感知力，就愿意通过阅读、观察、学习相关知识，了解这个兴趣的内在魅力和价值，更容易理解欣赏它，从而培养起浓厚的兴趣和热情。

抑或一个人对舞蹈感兴趣，如果上来就去学习各种动作、报班，最后多半会被"各种问题"打败。如果她先提高感知力，尝试聆听老师，教练习扎马步、步伐和跳跃、节奏与音乐感等基本功，那么，后续学习中，反而会带来跃迁式成长。简而言之，感知力就像黄金圈法则中的为什么部分，如果没有搞懂它，上来就追求是什么，很容易被表面现象所迷惑，并无法长久形成爱好。

那么，该如何培养出一种良性循环，让自己又累又快乐地找回生活激情呢？这里有三个我一直循环复用的小技巧，分享给你。

第一，拥抱新活动。不要有强烈目的性，也不要局限某个领域和特定兴趣上，试着探索一些你没有做过，但不同人群在做的事。

我家楼下旁边的公园里经常有一群大爷在下棋，虽然我不懂棋，但我喜欢在旁边观看。我也曾经挑战过"广场舞"。一开始我还担心丢脸，但尝试后发现，这种乐趣让我回忆起学校时教给我的"解放天性"的感觉，让我很开心。

当然，你可以尝试不同类型的活动，例如运动（跑步、游泳、篮球），艺术（音乐伴奏、摄影、表演），手工DIY（编织、木工、拼贴），社交（组织聚会、志愿者活动）或冒险（登山、露营）等。

第二，深入地研究。我对某个事物感兴趣，会选择更深入了解相关知识。就像，以前总是遇事想不通，拧巴。后来泛心理学让我开启一段神秘之旅，逐渐地，我从看基础浅显的知识，发展到关注论文、文献研究。看一些领域专家在学什么，他们文献中给出哪些答案，这些对人体哪方面有影响，帮助有多大，然后我再对照自己进行思考。这种探索激发的激情，让我只要有休息日，就恨不得早早起来，钻到"书洞"中去。

第三，创造小焦点。如果没有挑战，兴趣会难以保持激情。不久之前，我才给自己设置一个挑战：不依赖网络推荐，通过线下找到30本值得购买的好书。该行为看似毫无必要，却会带来两种效果：其一，迫使我出去走走，改变宅在家的状态。其二，提醒我，线下跟朋友聊天时，有意识聊到该话题，并留意相关信息。这个过程，我还可以获得一些额外收益。

比如感知书店的装修、布局、陈列，留意一下店家节日如何做营销活动，跟店员沟通最近流行趋势。这些一点都不难，但它很难进入你的日常视野。因为太过简单，所以你不愿意把它当任务去做。当把一个一个兴趣任务设定成"焦点"时，恰巧它能起到穿针引线的作用，即便休息、逛街、旅行时，你都可以执行，也会感觉很有意思。

总体而言，高质量休息，不止于睡觉。它是一种新鲜感的练习，是交叉活动带来的放松，是缓慢感知细节的快乐，是重燃生活激情的一套方法，是一种生活正反馈。

思考时间

◆ 你有哪些休息的方式？

◆ 你是否选择进行不同的活动，以让大脑得到放松？

◆ 你是否避免长时间进行相同的任务，切换任务以消除脑疲劳感？

◆ 你是否避开不断接受信息的方式（如看视频或打游戏）来休息？

◆ 你是否意识到需要足够的睡眠，但不要只为了睡眠而睡觉，要有意识地让大脑进入

默认网络状态，而得以放松？

保持低期待：调节内心的平衡

与其期待别人，不如做好自己。我们应该降低对别人的高期待，也应该降低对自己的高期待，甚至，还需要拒绝别人的高期待。

加拿大学者麦克卢汉的一句名言影响着我："媒介是人的延伸。"他的思想十分深刻，将轮子比作脚的延伸，衣服视为皮肤的延伸；他认为广播、印刷，分别延伸听力和视力，进而扩大了感知范围。

我意识到，电话、社交媒体等日常使用的工具，其实都是大脑的延伸，它们拓宽了思考边界。世界上万物，包括行为、言语、文章、权利，都可以视为自我的延伸；每个人都在努力扩大这个延伸的领域，以触及更广的范围。不过，扩大自我延伸的过程中，有时会与他人产生冲突，就如两个圆形区域的交集。

小时候，爸妈对我说：你这次考试没考好，我真的很失望；长大后，我做的事情如果达不到别人的期待，也会听到这样的话。这让我思考，我有我的领域，你有你的领域，有时我们的领域会相互重叠，我的自我延伸，是否逐渐变成了别人对我期望的一部分？别人期待的样子，真的是一个好方向吗？自己选择的路一定是错误的吗？我不断质疑，最后认为——未必。为什么？

自我扩展模型

尝试新鲜事物、学习新技能、接受新想法，都会给我们带来一种内心满足感，这种内在满足感，能够激发做事的动力。一些心理学家给它起了个名字，叫作自我扩展模型。该理论认为，我们所拥有的一切，都可以成为个体自我扩展的对象。也就是说，拥有的东西被视为了自我的一部分。

同理，把它放在关系之间，如果找个伴侣能让兴趣、技能、经验更丰富，那就能吸引我们，假如他/她的生活经历、活动内容、思想观点都是你没有接触过的，而你又感觉非常有趣，那就会对他/她疯狂着迷。

毕竟，人天生的一种思想动力是"让自己变好"；而且，变好的方式无非两种，一种通过人际关系的成长，另一种通过自我成长。人际关系上，伴侣、好朋友之间的相处，能够获得新经验、新技能，从而提高认知水平。研究表明，这种成长对于维持和满足于关系非常重要。自我成长上，一个好的学习环境和积极的工作氛围，能很快提升自己的能力，你可以通过个人学习、努力工作来开拓视野，并产生积极情绪体验。

有一种现象叫作皮格马利翁效应，即如果你的期望足够强烈，梦想可能成真。相反，如果你一直想着不好的事情，那些不好的事情也有可能发生。对此，加州大学洛杉矶分校的精神病学、行为科学教授加里·斯莫尔，在论文中也曾说过："我们所期待的事物反映了自我意识，它告诉我们自己是谁，将成为怎样的人。"

有一个学生，一直被认为不聪明和无能。他的老师和家长都对他的能力没有信心，对他的期望很低。因此，他自己也会认为，自己确实无法取得好成绩。然而，有一天，他遇到了一位新的老师，这位老师对他寄予很高的期望，相信他有巨大的潜力。这种期望激发了学生内心的积极力量，他开始更加努力地学习，并相信自己能够成功。

随着时间推移，这位学生的成绩，就会出现明显的提升，他不再被视为差生，而且开始取得优秀的成绩。

当然，一些形式的期待感、想象力，可以帮助减轻压力和焦虑，成为快乐的来源，这有点类似于"接近思维"。比如与朋友约定了周末露营聚餐，那么，无论在周一到周五遇到什么困难，我都会努力坚持下去，因为我知道，一个快乐的周末正在等待着我。这种期待感就像一盏明灯，给予我指引和动力。此外，期待感还可以让生活变得更加有趣，如期待一部新的电视剧、一场演唱会。

最神奇是，期待感本身能让人感到快乐。当人们期待一件好事时，他们的幸福感可能比真正发生那件好事时还要高。毕竟过程中，可以在脑海中想象所有可能的美好结果，而这种想象本身就能带来快乐。

不过，期待一旦变高，就没有如此快乐了。它可能导致失望、沮丧和痛苦，这样的负面情绪会不断累积，最终影响两者之间的关系，甚至产生身心疾病。

一些人对相处很长时间的知己，常常抱有很高的期待。他们希望自己在需要帮助时，朋友能伸手拉自己一把，如果对方因为忙碌，或其他理由无法帮助，那么，就可能感觉对方没有满足我们的期望。

情侣之间，也有类似情况。一些长时间相处的情侣，无论是情感还是实际帮助，一方可能期待在需要时，获得另一方的支持。如果这种期待无法得到满足，就可能引发争吵，因为这在他们看来是合理的期待。因此，过高的期待可能会破坏两人之间的感情。

我的一个朋友曾倾诉了她的经历：当我看到同事们为爱人送上礼物，而我却一无所得时，内心开始失衡。情绪激动时，我倾向于用指责和批评来表达不满，这无疑给他带来了巨大的压力，仿佛我试图掌控他的生活。他的沉默反抗让我觉得他不尊重我、不重视我。于是，我加大了对他的期望力度，

自醒

从化妆品到购房购车，但这些要求只让他更加反抗。我最初的目的只是希望他满足我对某些事情的期待，让我们的关系更加和谐，但结果却适得其反。为了避免争吵和压力，我最终结束了这段关系。

随着时间的推移，我逐渐明白了一个道理：盲目地将自己与他人比较只会造成更多的损失。每个人都有自己的能力和局限性，我们无法强求他人完全符合我们的意愿。我需要学会尊重对方的个性和独立性，努力与他建立起平等和尊重的关系。同时，我也应该反思自己的期望是否过高或不合理，并尝试以更为温和、理解的方式与他人沟通，从而共同推动健康关系的形成和发展。

此类高期待常有发生，不过还有一种是自我设定的。

我的另一个朋友，他坚信自己能够成为一名杰出的基金专家，并为此投入了大量的时间和精力。他的日常工作从早上10点开始，一直持续到晚上10点，甚至有时午餐都来不及吃。然而，这种高强度的工作压力使得他在短短两个月内体重增加了15斤，导致他的精神状态每况愈下，最终不得不暂时离开工作岗位以恢复身体健康。

类似例子，身边数不胜数。我始终记得住"斯托克代尔悖论"现象，逮住目标，不要盲目乐观，也不能操之过急，要掌握一定的"度"和"节奏"。人们常说的"用力过猛的人走不远"，就是这个道理。

边际效应递减

能看出来，高期待是一种不好的现象。那么，这种现象到底是如何发生的呢？这个问题，可以用经济学的一个理论来解释，即边际效用递减规律。当我们对某件事物、某个目标、某个人抱有期望时，一开始达到这个期望，可能会给我们带来很大的满足感；但随着关系的不断加深，期望值就会增加，每增加一个期望，所带来的满足感或收益就会逐渐变小。

我曾经看到一则调研，你刚开始见一个人会觉得简直完美得无法想象，久而久之，就会发现对方也有缺点，对他习以为常，觉得没什么特别的。

甚至你会发现，相比以前，从对方那里得到的快乐反而变少了。毕竟一开始的新鲜感和惊喜会激起一些波动，熟悉之后，也就平静了。所以，这也是为什么说新鲜感对很多人非常重要。

个人也同样。你开始没钱，只想努力赚钱，一旦有钱你就想赚更多的钱。如果沉迷于物质刺激，那并不会对现实生活感到满足。

就像吃再多食物、听再多动听的音乐、有再多钱一样，一旦欲望被打开，重复下去，习以为常，就感觉不出特别的地方了，反而还会想要更多。所以，不管是自己设定的，还是别人期待你要达成的无非分为两种，一种是不切实际的，另一种则是合情合理的。

建立正确期待

那么，该如何建立一种正确的期待呢？我认为有三点。

第一，分清楚两者区别。那些过高、超出现实的期待，可能与能力、资源环境条件不相符，往往无法得到满足。相反，基于现实情况，合理预判结果的期待，反而容易达成。

例如，你总是期待他人来解决你的问题，这种依赖本身就是问题所在。每个人都有自己的事务要应对，不可能一直为你排忧解难。长此以往，这种期望将成为一种沉重的负担，使你和他人都感到无法呼吸。

所以，正常期待，建立在自己也要行动、也要付出的条件下，你不能只期待，不付出。

第二，建设并管理好边界感。所谓边界即"自己力所能及的"。于我而言，我清楚地知道，我能控制行为和情绪，无法控制别人。有时我也会觉得，既然期望会带来失望，那索性就不期待了。后来想想，如果我们都不再期待他人的美好回馈，那怎么能信任人性的善良和友善？

所以，从某种角度看，期待就是一种希望。我并不认为，降低对他人的美好期待是正确的。相反，我更倾向于相信他人有能力做出超越预期的美好事情。只有当我们相信每个人都是在他们的视角下无所不知、无所不能的，才有可能培养出伟大的品格。

因此，要建立好边界感。这种边界是，我认为你会发展得很棒，但我也不会把这看得太重，我也不会把我的思想强加给你；同样，我也不希望活成别人期待的样子，也不想让期待成为前进的包袱。所以，对别人有期待并不是问题，问题在于会不会近乎盲目地认为期待一定会实现，不允许有失败的可能。

第三，让期待变成动力。从自身角度出发，这方面我一直有两个原则，"不和别人比，只和昨天的自己比；如果你觉得我说得不对，就以你理解的为主"。这样下来，关于期望这个问题，就变成一种学会自我负责，自我解决问题，不和别人较真，理性地看待对方想法的状态。

总结而言，与其期待别人，不如做好自己。我们应该减少对别人的期待，也应该降低对自己的高期待，甚至还需要拒绝别人的高期待。按照这种思想方式做事，无疑是保守、安全的；毕竟如果你对别人没什么期待，你就不会感到失望。

思考时间

◆ 你是否意识到自己的期望值，并避免过高的期待？

◆ 你是否尝试过新鲜事物、学习新技能，以及接受新的想法？

◆ 你是否建立了积极的学习环境和工作氛围？

◆ 你是否理解并尊重他人的能力和限制？

◆ 你是否避免将关系与外界进行对比，并不期望别人完全按照自己的要求行事？

忙碌 ≠ 高效：最大化利用时间

追求忙碌而不注重目标的行为，往往无法带来伟大的成就。而追求更深入、更个人化的目标，将注意力集中在能帮助实现这些目标的任务上，摒弃其他琐事的干扰，才是更有意义的。

———————————

有个朋友打电话，说一直在加班出差，已经一个月没有愉快地过周末了。上次发烧，自己去医院打点滴到半夜两点，第二天早上还是第一个到办公室的人。他感叹道，忙，非常忙。

平时我们很少见面，每次微信聊天也是匆匆忙忙。如果不了解情况的人，会感觉公司离开他整个系统都会崩溃。实际上，他只是带着4个伙伴的总监，年薪也不高。每次和他聊完天，我都感到很愧疚。心里想，以前我做领导时，也没有这么忙啊，难道是工作不够充实吗？事实上，像我朋友这样的人并不少见。口口声声都在强调拼搏，每天斗志昂扬，工作比生活中任何事情都重要，连休息半天都要多读两本书，时不时还会跟你讲一些价值观内容。

我敢肯定，即使某些老板的状态，也不一定比他们更强；但是，忙碌一定能大力出奇迹，产生出色的业绩吗？未必。有时候，我们可能会陷入了一种"忙碌文化"中，而忽略了真正的产出。不信，可以从四个方面来看。

组织与文化影响

第一方面，忙可能是公司组织结构、文化问题。

去到一家公司，除非领导能够通过战略、文化明确地解决忙碌文化，否则忙碌可能成为日常工作的一部分。有时候，即便领导告诉我们应该关注哪些重点，采取哪些行动，大家仍然会觉得忙得不可开交，当你问他们在忙什么时，他们自己也说不清楚。

不信，你想想看，如果老板从你身边走过，问你："忙吗？"你怎么回答？如果说不忙，可能给人一种工作不饱和的状态。老板可能会想，这个部门是不是人太多？需要优化一下？你说"忙"，似乎代表着，手里有一些活在干，至少表明"我是勤奋的"。

有一个心理学实验，由心理学家蒂莫西·威尔逊和他的同事进行的。他们发现，实验室里，有67%的男性和25%的女性宁愿按下一个按钮，让自己受到电击，而不是静静地坐着思考自己的事情。有趣的是，在实验参与者进入实验室之前，他们表示他们宁愿花钱来避免受到电击。但一旦他们被独自留在房间里，不做任何事情，就会感到无法忍受，需要找一些填补空虚的方式。

这个实验说明什么？工作时间内，人们通常不喜欢无所事事的状态，即使知道长期低效努力的坏处，也会寻找各种方式来填充时间和空虚感。

第二方面，人们在群体当中，普遍出现的"厌恶闲散"效应不同，为了保持一致性，大家可能会改变一些行为。

假设小王、小张都是销售部门的人。有一段时间没有太多客户需要跟进，这种情况下，他们可能展现出不同表现。小王对于闲置时间厌恶程度低，喜欢放松休息，享受一段时间轻松工作，他认为一个难得的机会，可以调整状态，因此，会阅读一些书籍，参加在线培训，以增加专业储备。

小张对于无所事事的时间，有着较高厌恶程度。他觉得，自己这段时间内浪费掉公司资源，心里会感到不安；为了克服这种感觉，可能会主动和领导商量，了解其他项目有没有任务可以参与。这两种不同态度和行为，直接导致领导误以为"小王最近不积极，小张态度很好"，最后迫于从众效应，小王也会产生和小张一样的举措。

所以，工作时间内，只要能想出哪怕是最不明确的正当化理由，人们也会选择一些事情，让自己忙碌起来（比如，打开一个PPT，修改一段文字再改回去）。你知道1个小时可以搞定的工作，如果明天要求结果，就不会今天上午把它搞定。不是你不想这样做，而是担心工作做完，大家看你"闲着时的状态"比工作时更难受。

价值和感知地位有关

第三方面，很多时候，客户会把忙与价值画上等号。

有些乙方公司，经常为甲方进行战略、品牌升级。某些情况下，明明知道升级公司LOGO，只需要半个小时的时间就能完成，但是，乙方却说需要三四天，甚至更长的时间。为什么？

因为作为甲方，如果被告知半个小时的工作，却要支付几百万的费用，你会认为，这件事情没有得到足够的重视。你期望乙方以极高的专业素养完成这个任务；如果他们花费时间太短，给出的理由不充分，或者费用过高，会让你怀疑，他们对项目的重视程度、专业理解力不够。

哈佛商学院运营学教授瑞安·比尔曾做过一项实验，咖啡厅里，当食客亲眼看到三明治在他们面前制作时，他们对服务满意度，比直接将做好的三明治端到面前时更高。可见，人们更容易对展现出辛勤努力和忙碌场景的事物产生积极的反应，觉得那些已完成的事，有点草率。

第四方面，忙碌的工作和缺乏闲暇时间与感知到的社会地位之间存在关联。

默认情况下，忙碌被认为是一种有价值的行为，能够提高个人在社会中的地位；同时，社会流动对忙碌工作起到调节作用，当一个人工作忙碌时，我们会觉得他具备高能力、进取的人格特质，被视为社会中稀缺的有用人才。

比如你在一家科技创业公司担任重要职位，由于公务繁忙、参加各种高峰论坛，这种高流动环境中，同事、上级都会对你的工作态度表示赞赏，视你为重要人物，大家会觉得你的忙碌有很大贡献。

相反，小张一直处在一个较低流动性的职位上，类似运营岗，每天忙着活动策划、选品、找爆品。虽然也很忙碌，但由于工作重复性，缺乏挑战，这种低流动性环境中，感知度就会变低，会让人觉得付出努力较少。

因此，在一个能够实现社会上升的环境中，忙碌工作，会被误认为具有更高的社会地位；反之，一个流动性较低的环境中，忙碌工作，会让人认为，你只是能力不足而已，而不是在做一些有价值的事。

诚然，造成时间贫困的原因有很多，也很微妙。人是环境的产物，某些情况下，忙碌的确是一种象征、一种标志，如果你不想合群，就要忍受异样的眼光。

远离无价值的忙

忙碌应该被歌颂吗？我觉得不应该。为什么？因为无法理解"忙"的本意，除了在道德上令人钦佩外，在其他方面只能打上问号。

在社会层面上看，忙碌被视为资源的争夺。过去，人们通常通过展示忙碌的工作来彰显自己在社会中的地位。那时物质资源稀缺，一些人通过掠夺和浪费社会资源来显示自己的地位。这种现象被记录在19世纪末社会学家托斯丹·邦德·凡勃伦的著作《有闲阶级论》中。尽管这些人的称号中带有"闲"字，但他们被认为是最忙碌的，甚至在某些文化中，享有高社会地位。随着社会的发展，人们开始重视稀缺的人才资源。因此，在一个机会有限的环境中，即使你忙于工作，但由于流动性较低，忙碌本身并不能与更高的社会地位联系起来。

从公司角度来看，工作中的忙碌有两种，一种是围绕目标高效率的达成，另一种是无休止的内卷。前者指高效地完成任务，达到目标的状态。这种忙碌通常有规划、人员分工明确、有时间表、注重效率和质量，它能帮助人们取得工作上的好成绩，并有助于个人职业发展。

作为一名B2B销售人员，你被分配到一个重要客户项目中。任务要求你在短时间内完成产品介绍课件、进行上门培训，并部署完成系统，以确保顺利使用产品。你发现自己无法独自完成这么多任务，于是，你向领导汇报了情况，并迅速召集团队开会，分配任务并设定时间表。通过团队紧密合作、共同努力，最终你按时完成了项目，并且客户对工作非常满意，给予了高度认可。这是高效的体现。

而内卷的忙是一种无休止的状态，基本与工作环境、压力有关。这种情况下，大家都在追求更高的地位，甚至满足他人的希望，不断地追求更多工作量去加班，出于一种无休止竞争心态。

我有一个朋友，在一家大公司担任P7岗位，他说，每个月，有半个月时间工作是修改PPT中的一页内容。这一页要求非常细致，需要将每句话、每段文字都精确表达，还要提供三种备选插图。这都是为了满足领导的需求，领导会将这份PPT用于向上级领导汇报工作；虽然大家工作不是很忙碌，但为了填充时间，只能沉迷于没有太大价值的细节中。

实际上，追求忙碌而不注重目标的行为，往往无法带来伟大的成就。相比之下，追求更深入、更个人化的目标，如了解和理解重要现象、解决复杂问题，或对社会产生积极影响，才是更有意义的。当然，你可以考虑具体的目标，比如销售目标，但同时也要考虑自己最重要的、更大的抱负，并将注意力集中在能帮助实现这些目标的任务上，摒弃其他琐事的干扰。

因此，真正有意义的忙，是围绕目标高效完成工作，或通过提升自身的稀缺性价值，来解决更大的社会问题（或公司问题），从而获得财富和成就。忙碌背后代表着"高效率"。如果你能在20%的时间内完成80%的工作，并将剩余80%时间用于个人成长，那你就能成为一个变量；相反，如果你花费80%的时间来完成20%的工作，无疑是在浪费时间。

认知上，首先，需要意识到培养核心技能的重要性，尽可能提高独立完成任务的效率；其次，面对无休止的内卷竞争时，不要与他人一同奋斗争时间，而是将其视为一段"休息"的时刻，通过这种转变，你能够最大化利用时间。

具体该怎么做呢？我在践行三个方法。

第一，在忙碌中找高效。将注意力放在自己身上、全身心投入眼前的任务上；在适当时刻退一步，观察下自己，在全身心投入工作过程中的行为，哪些是毫无价值的。

领导让你做一份PPT，你不带思考地直接打开PPT就开始做，一下午肯定做不完。真正忙中高效的方法是，先问一下同事，以前有没有类似的方案。如果没有，网络中搜一下、社群中问一问，看看别人的结构是什么？里面需要哪些内容，把框架弄明白后，再去行动，这样你的"忙"，就会远离"碌"。

所谓的忙碌，其实因为我们常常处在紧绷的状态和同事有色的眼光下，才显得忙碌，如果我们能将忙碌和高效结合起来看，问题就变成了：如何从忙碌中，找到真正感觉到忙碌的原因，并通过全身心投入、合理的安排，以及适时推出的方式，让"忙"和"碌"和谐相处。

第二，提高稀缺性价值。专心致志地做一件事很长时间，你就有机会超越大多数人。专心致志是一种回避，甚至超越竞争的策略。

就像金融交易市场上，长期持有策略就是一种回避，甚至超越竞争的策略，大多数人无法看到长期持有的好处，只能与频繁交易的投资者一起玩零和游戏；

所以，如果你能专注并坚持做一件事，你将有机会脱颖而出，超越他人。

另外，下行风险很低的事，值得利用80%时间投资。你可以围绕自身岗位、专业、所做业务想想看，哪些是你下行风险很低、上行风险很高的事。我认为，"说和写"两个最基础的技能，任何人都可以尝试一下，它们可以应用于自媒体，启动资金较低，且还能为工作赋能。

第三，平息内心的批评者。我们需要学会审视自己的行为，并进行内心对话。

你明明知道从家里到公司需要一个半小时，在面临没事还卷时间时，是否有必要和其他人一起到晚上10点才下班，委屈自己？或者因为一件事情自己做得不对，而过分关注领导的眼光，与他产生冲突等。

我有个原则叫"把分内该做的事情做好、做精，与己无关的事，需帮忙则帮，不需要则不去关心"。我们应该明智地利用时间和精力，提升自己，以免陷入无意义的效率和不必要的痛苦中；试试看，三个方法循环下来，你对忙碌可能会有新看法。

总体而言，忙碌不是目的，而是手段。生活的确不易，也正是因为不易，才要好好思考"忙"，兴许这样，才能慢慢逃脱"碌"的循环，找出一些额外有价值的事。

思考时间：

◆ 你是否有除了工作之外的其他事情需要投入？

◆ 工作时间内，你是否注重真正的产出？

◆ 你是否明确了工作目标和价值，以避免花费太多时间在不必要的事情上？

◆ 工作中，你是否注重平衡，避免沉迷于忙碌而忽视生活和个人提升？

◆ 个人发展方面，你是否注重提高专业素质和技能，积极参加学习和培训，以提高竞争力？

心流时刻：感受创造，减少内耗

并不是所有精神专注都是心流，那些具备创造性，有一定难度的才是。显然，进入心流过程，解决了具体问题，最终产生结果才会让你感受到充实、满足、喜悦。

什么是心流？进行某项行为时，所表现出的心理、精神状态。这种状态中，即便有人在旁边放音乐、朗读，你也能专注做好手里的事，并且体验到专注带来的喜悦感。

我还是把它具象一些：做某件事会忘记身体的饥渴、微反应及时间，会和做的事完全合而为一，维持一种投入当中的纯粹且安定的状态；如灵魂附体，仿佛借用肉体只是来完成它。

网络上有种说法，进入心流后，会感受到能量激发，创造力明显提升的感觉，我完全认同这些观点。然而，如果仅仅强调这些内容，是否会给那些没有获得心流状态、想要找到心流、渴望长期进入心流的人，带来不必要的压力呢？

错误的心流

对于绝大多数普通人而言，仅仅强调心流的优势，不仅会造成挫败感，还会断绝希望。这也是我为什么很少过分强调冥想可以给人带来神秘变化一样，我在尝试"冥想"过程中发现，一般人很难闭着眼睛去回忆，感受一天中的每件事，并在脑中复盘。

相反，如果我告诉你，不需要闭着眼睛，你只要进入思维空白状态，不断深入当下事物的思考，这也算一种冥想状态，反倒会给自己几分坚持下去的信心。所以，面对心流，我也有不同看法。按照心流理论提出者，米哈里·契克森米哈赖"心流可以让人发现另外一个真实的世界"的说法进行解析。

我的想法是，每个人被眼前虚构的世界所蒙蔽，每天起床要打开手机，思考今日工作，感受与推演的并非当下真实世界。他所讲的心理初心，首先要从迷失和幻想中，回归真实且本来的自己。

为什么呢？大家只有在特殊环境交错时，偶然又短暂的瞬间中，甚至面对千钧一发之际，才能看到冰山一角的另外一些东西，也包括自我另一面。但是，通过心流就没那么危险和麻烦。通过安静的脑力活动，或者说简单有趣的体力运动，就能发现另外的我，这种消融内外世界界限，感受当下力量，才是我们想要拥有心流的初心。

一味把获得更多心流，用于推进工作进程，能否解决高效问题上固然重要，一旦把它变成一种功利主义成功学，就会陷入惯性中。时刻盯着结果不放的惯性执念，恰巧不能让你获得心流，反而还会阻碍你，让你离它越来越远。

到底该如何面对心流呢？要率先把它那些玄妙而华丽的辞藻拿掉，让它变简单、接地气一些，不妨重新描述下"心流"，那就是，一个人沉浸在手头事中，一点也不受外界干扰。

我并没有说任何个人感受，也没让你提升效率，我只是提出一个简单版定义，这可能与书中看到或别人讲的有些不同。别着急，没有期待就没有失望，更不会在行动时有挫败感，一点一点地来绝对有好处。

自醒

如果按照我的定义，你会发现很多时候，都在经历心流。比如靠在沙发上读书，看到精彩绝伦的内容，深深地被它吸引住，你忘了时间，直到好久后才缓过神，想起中午饭还没吃；在微信群跟别人热火朝天地聊天，甚至忙着回复领导的信息，抬头一看，结果坐过了三站地，可你明明听到前面报站的声音。

仔细想想，这些场景有没有"全神贯注"的感觉？这些感觉和日常区别很大，基本不关注外面世界，注意力也不会来回转移，脑子里杂念也没有，全程中都能感受到内心的淡定与安静。

所以，每个人都可以进入心流状态，而且，你已经有很多心流经验，只是没有把经验的方法提炼出来而已。一方面，心流可以帮助你提升自信，而不是让你觉得它很难达到，需要通过努力、刻意准备，甚至需要天赋才能找到；另一方面，你也会有很大的动力，愿意去尝试、探索心流源头在哪里，以及如何进入其中。

接下来，你可能会自然想到，我该如何找到"这种时刻"，以便用在工作中完成想做的事，而不会感受到痛苦和压力，一旦你有这种想法，可能还会问自己，有没有办法训练它，让它随心所欲进入你的轨迹。

因此，我们还需要把"心流"定义再进行收窄，并不是所有精神专注都是心流，那些具备创造性，对你有一定难度的才是。显然，进入心流过程，解决了具体问题，最终产生结果才会让你感受到充实、满足、喜悦。

进入心流的两种类型与真正的心流

心流进入有两种类型，一种需要创造性思维的脑力活动，另一种只需通过体力活动即可进入心流状态。不管哪种类型，对大多数人来说，首要任务是找到"过渡梯子"。

什么是梯子？某些事情的实现，需要通过一系列中间步骤进行，好比攀登，要借助工具来到达下一个台阶。而人们锻炼时，会产生一种激素，包括内啡肽，这些都利于进入心流时刻。

运动是一种很适合引导人们进入心流状态的梯子。如果按照6公里体力耗尽算，我的心流时刻一般在4~5公里阶段出现。当体力将尽未尽，又离目标还有一段距离，这时很容易触发心流状态，我会突然感觉自己不再疲惫和痛苦、腿脚轻快、呼吸有力，心里没有各种想法和抱怨，就像奔着目标去。再过几十分钟，一切感觉消退，人就会从另外一个世界中跌落出来，我会再次感觉到肌肉酸胀、浑身汗水、开始口干舌燥，脑子也开始杂念变多。总之，一切又回归到正常状态。

之前出现过那种美好的感觉，我会迫不及待想要明天跑步时再来到那种状态里，心流一旦接近成瘾，你可以找到一个更快乐的自己。为什么简单的心流，往往会比写作、编程、设计等脑力工作更容易找到呢？

毕竟大量运动会消耗一大部分能量。精疲力尽前，大脑更容易把心念集中到一起。而且简单运动往往是机械性，很容易让人忘记外部环境，让注意力更集中在身体感受上，你往往会在坚持运动过程中，收获健康和更好的身材，这会让你获得更多成就感，开始享受该过程，于是，进入心流的概率才会大大增加。

诚然，心流是过程中得来的，不是一开始就有的，你必须消耗掉一部分导致精力分散的能量，才会找到"聚焦时刻"。如果你只是听到一些关于心流的奇妙之旅，就直接试图把方法照搬过来，尝试解决问题，那么，你很快就会放弃，因为几乎不可能成功，最后换来的也只有挫败和焦虑。

按照我说的，你可以尝试从一项简单运动开始，比如走路、跑步，让自己可以有更大成功的概率进入心流，然后去体验、感受，并注意它到底什么时候来。直白地说，不同进入心流的方式，它们之间有着促进作用。

有很多人认为区分是否为心流的标准，要看过程中有没有创造和产生正向性结果，走路进入心流要算的话，发呆、刷短视频、打游戏进入心流也算吗？

我们需要清楚的是，心流概念最初被创造出来，原始目的为找到在生活中增加幸福和快乐的方法，而非应用于创造过程和解决问题的方式上。事实上，真正创作过程大多充满着痛苦和纠结。

正因这种纠结，才让我们创造出来的东西充满力量和美的感受，其次，心流重点也在"主观体验"上。不管你是否存在心流时刻，时光都在飞逝，进入心流意义在于，让你感受到这段时光特别有意义、有价值，所付出的行动让人满足，从中获得强烈的幸福感、真实感，更能从日常的无聊、乏味、负面情绪中解脱出来，用一种更宁静的态度对待。

进一步说，大家进入互联网时代后，每时每刻都在被信息骚扰，专注力明显下降，脑子里不断产出各种临时性想法，等把注意力从杂念中拉回时，往往又忘记一开始在做什么，或者做到哪儿了。

这种生活状态，会带来很多烦恼和紧张，并不会令人满意，我们必须随时迎接一个弹窗、一个念头，在这些碎片中，勉强拼凑自己的生活。你认为这种生活值得追求吗？你陷入其中能感受到幸福吗？所以，鉴于此意义上，不管是冥想还是心流，其目的是，解决令人失去定力和专注力的时代病，让你能够感受当下。

所以，我很少强调心流的神奇。不停简化定义，目的是让你感觉实现这一切并不难。当学会放弃对结果的追求和执念，从最简单地方入手，且放下功利心，一点点提升定力和专注力时，反而发现，结果会在不经意间自然发生。

四个标志性条件

有关性格测试中，责任心强、开放度高、神经质得分低的人更容易进入心流状态，我就是其中一位；但总有一些人只要外面一有动作、有声音就无心进入状态，怎么办呢？

我认为，有几个标志性条件，需要刻意安排下：

第一，必须创造最佳条件。

你现在正在看一本书，翻几页后突然手机"叮咚"一声，你还能专注吗？这时的你很难进入状态，不是因为不专注，而是环境无法让你专注，我在写作时，习惯性将一切通知性提醒全部关闭，并把手机放在很远的位置。但这些并不能解决根本问题，就像一些人即便把手机关闭，脑袋中活蹦乱跳的想法还会出现。

人类长期进化过程中，有两类情况出现，就会进入专注的状态，这种状态下你想分心都难。

其一是对恐惧的逃避。当你感觉危险时注意力才会集中，就像面前突然出现一头狮子，它正在缓慢走过来，你们中间没有护栏，此刻，你还会想着去刷朋友圈，点个赞吗？

其二是时间的紧迫性。都说吸烟有害健康，甚至丢掉性命，可很多人就是戒不掉，因为他们总觉得疾病离自己太远，假设医生突然开出一份诊断书，明确告知多少天要戒掉，不然后果如何，那戒烟的速度绝对快。

所以，你心里至少要有一种时间观念，以及对这件事的基本目的性，并非漫无目的地想做多少就做多少，拿我健身来说，只要步入健身房，今日必打卡项目、数量已经潜意识刻画在脑中。

第二，不要逆着状态行动。

史蒂夫·乔布斯曾说过一句话"随心而行，做你想做的"，这句话被人翻译成"我想做什么就做什么"，我认为理解有偏差。他的正确意思是，做这件事要忠于自己内心的选择，而不是被逼着去做，即便工作任务不那么想做，也要把它转化成某种动力源泉。比如，试想着做成后，可能会受到领导鼓励、学到很多知识等。

潜意识里不想做，产生逆反心理，你怎么可能进入心流状态？只有当你做的这件事，是忠于内心的选择，积极主动并享受的，才容易进入心流状态。值得注意的是：很多人眼中的"被逼着"还有另外一种认知，即到点儿就必须行动，就像，我必须9点50分到公司，10点坐在工位上开始干活儿一样，其实，心流效率往往会卡在这里，身体机能不想工作，再如何让它去做，它的效率仍然是缓慢的。

你不妨下次把紧张的思维放一放，时间虽然是公司安排，但任务节奏灵活性在于自己，挖掘一下哪个时间段效率高，试着把任务往那个时间段安排下试试，兴许能得到事半功倍的效果。

第三，挑战设置要刚刚好。

人有一种心理，做任何一件事都喜欢一蹴而就，但如果挑战性太强，不能一鼓作气完成任务，很容易让你有挫败感，相反，如果没有什么挑战性、不费吹灰之力又让你觉得没意思，没有成就感，所以，对挑战的设置也蛮重要。

我每次写文章并非一口气完成，从选题策划、大量搜集素材、采访环节到搭建结构、开始写都分步进行，这样全部下来，时间成本非常小，中间累了就休息，休息完成就进行。

每次能量将要耗尽，或者对文字产生厌倦时就休息，这种"停一会儿跑一会儿，跑一会儿再停一会儿"的小憩感觉，反而会找到心流时刻，你可以试试，非常管用。

第四，设计合理的即时反馈。

很多人对"即时反馈"存在字面误解，它讲究"即时"和"反馈"两步骤。你玩一款游戏，系统会即时告诉你人物血量还有多少，什么时候需要加，什么情况会导致升级失败。

做事同样如此，很少有人健身中、健身后，思考"我今天跑步动作标不标准、状态和昨天相比如何、体能属于中等还是优质、器械这样练对不对"，而仅把完成数量作为衡量标准。自从上几节健身教练课后我才发现，很多时候一个动作不标准，接下来所有的动作都在硬撑，耗费体力不说，还不一定达到理想效果。

另外，即时意义在于减少低耗。你想想看，一件事总拿不到反馈，一直想等到最后完成，这个过程有多难熬，晚上睡觉，你都可能一次次在想着，赶紧完成，赶紧完成。如果你能做到"即时"审视，就明显不同，你知道自己做到什么进度了，明天要干什么，做哪些，也自然不会感到阻力太大。

为一件事创造良好条件（环境、目的、划分截止期限），不要逆着身体状态去做事，把每个模块挑战设置刚刚好，且建立即时合理反馈，才能更好地保证事情的完成，即便每次不一定进入心流，我想至少你不会一直牵挂在心中。

总体而言，感受当下，才有创造。把自己看作环境的一部分，精神力量才不会被自我的关注与欲望吸收，欲望假如很难从自身转移出去，便无法关注内在。

思考时间

◆　你是如何理解心流的？

◆　你是否意识到不要过分追求心流，并避免将心流变为成功学？

◆　每个人都有能力进入心流状态，你是否总结过方法？

◆　你是否找到了"过渡梯子"，即通过特定的工具或方法让自己更容易进入心流时刻？

◆　你是否意识到不同的活动可能需要在不同的时间才能进入心流状态？

结语

到这里，这本书已经看完。

读过这些文字后，思想将不只属于我，五个模块中，有没有哪个部分给你留下了深刻的印象？阅读本质是"有所启发，为我所用"，我希望能在最大限度内，尽可能地向你分析关于"过度思考"的问题，即便我回答得不好，你也能找到适合自己的答案。

现在，请你合上这本书，静下心来思考一下，哪些内容是你感觉最有价值的？拿起你的手机或记事本，把这些点子记下来，这是你的心流时刻。也许以前从没尝试过这样做，甚至会质疑："我知道了这些东西，为什么还要去写下来？"其实，这个简单的行动，是在这一刻，给予自己"正反馈"。

最后，也欢迎你来公众号"王智远"找我聊聊，一起分享彼此的感悟和体会。